创 意 服 装 设 计 系 列

李 正 丛书主编

U0385362

刘婷婷 翟嘉艺 杨妍 编著

服装CAD与CLO3D 应用教程

化学工业出版社

·北京·

内容简介

本书以富怡服装 CAD V10.0 与 CLO3D V7.0 系统为对象进行实践讲解，系统地介绍了服装 CAD 与 CLO3D 软硬件配置、软件应用环境。主要内容包括服装 CAD 与 CLO3D 概述、服装 CAD 基础、服装 CLO3D 基础、服装 CAD 与 CLO3D 基础设计实践和创意设计实践等，书中列举了大量丰富的基础、创新纸样实例，将服装 CAD 和 CLO3D 软件的关键技术与操作技巧运用到具体案例之中，具有很强的实用性。最后一章针对基础款式、创意设计实例进行作品鉴赏，为读者提供新的设计理念。

本书图文并茂，语言简洁，通俗易懂，样板数据可信度高，具有一定创新性。本书可作为服装类专业培养高等应用型、技能型人才的教材，还可作为社会从业人员的业务参考书及企业的培训用书，也适合广大服装设计爱好者阅读与收藏。

图书在版编目（CIP）数据

服装 CAD 与 CLO3D 应用教程 ／ 刘婷婷，翟嘉艺，杨研编著． -- 北京：化学工业出版社，2024. 9. --（创意服装设计系列 ／ 李正主编）． -- ISBN 978-7-122-45956-5

Ⅰ．TS941. 26

中国国家版本馆 CIP 数据核字第 2024Z4P478 号

责任编辑：徐　娟　　　　　　　文字编辑：冯国庆　　　　　　　装帧设计：刘丽华
责任校对：刘　一

出版发行：化学工业出版社（北京市东城区青年湖南街 13 号　邮政编码 100011）
印　　装：北京瑞禾彩色印刷有限公司
787mm×1092mm　1/16　印张 11½　字数 250 千字　2024 年 10 月北京第 1 版第 1 次印刷

购书咨询：010-64518888　　　　　　　售后服务：010-64518899
网　　址：http://www.cip.com.cn
凡购买本书，如有缺损质量问题，本社销售中心负责调换。

定　　价：69.80 元　　　　　　　　　　　　　　　　　　版权所有　违者必究

服装的意义

　　"衣、食、住、行"是人类赖以生存的基础，仅从这个方面来讲，我们就可以看出服装的作用和服装的意义不仅表现在精神方面，其在物质方面的表现更是一种客观存在。

　　服装是基于人类生活的需要应运而生的产物。服装现象因受自然环境及社会环境要素的影响，其所具有的功能及需要的情况也各有不同。一般来说，服装是指穿着在人体身上的衣物及服饰品，从专业的角度来讲，服装真正的涵义是指衣物及服饰品与穿用者本身之间所共同融汇综合而成的一种仪态或外观效果。所以服装的美与穿着者本身的体型、肤色、年龄、气质、个性、职业及服饰品的特性等是有着密切联系的。

　　服装是人类文化的表现，服装是一种文化。世界上不同的民族，由于其地理环境、风俗习惯、政治制度、审美观念、宗教信仰、历史原因等的不同，各有风格和特点，表现出多元的文化现象。服装文化也是人类文化宝库中一项重要组成内容。

　　随着时代的发展和市场的激烈竞争，以及服装流行趋势的迅速变化，国内外服装设计人员为了适应形势，在极力研究和追求时装化的同时，还选用新材料，倡导流行色，设计新款式，采用新工艺等，使服装不断推陈出新，更加新颖别致，以满足人们美化生活之需要。这说明无论是服装生产者还是服装消费者，都在践行服装既是生活实用品，又是生活美的装饰品。

　　服装还是人们文化生活中的艺术品。随着人们物质生活水平的不断提高，人们的文化生活也日益活跃。在文化活动领域内是不能缺少服装的，通过服装创造出的各种艺术形象可以增强文化活动的光彩。比如在戏剧、话剧、音乐、舞蹈、杂技、曲艺等文艺演出活动中，演员们都应该穿着特别设计的服装来表演，这样能够加强艺术表演者的形象美，以增强艺术表演的感染力，提高观众的欣赏乐趣。如果文化活动没有优美的服装作陪衬，就会减弱艺术形象的魅力而使人感到无味。

　　服装生产不仅要有一定的物质条件，还要有一定的精神条件。例如服装的造型设计、结构制图和工艺制作方法，以及国内外服装流行趋势和市场动态变化，包括人们的消费心理等，这些都需要认真研究。因此，我们要真正地理解服装的价值：服装既是物质文明与精神文明的结晶，也是一个国家或地区物质文明和精神文明发展的反映和象征。

本人对于服装、服装设计以及服装学科教学一直都有诸多的思考，为了更好地提升服装学科的教学品质，我们苏州大学艺术学院一直与各兄弟院校和服装专业机构有着学术上的沟通，在此感谢化学工业出版社的鼎力支持，同时也要感谢苏州大学艺术学院领导的大力支持。本系列书的目录与核心观点内容主要由本人撰写或修正。

　　本系列书共有 7 本，作者 25 位，他们大多是我国高校服装设计专业的教师，有着丰富的高校教学和出版经验，他们分别是杨妍、余巧玲、王小萌、李潇鹏、吴艳、王胜伟、刘婷婷、岳满、涂雨潇、胡晓、李璐如、叶青、李慧慧、卫来、莫洁诗、翟嘉艺、卞泽天、蒋晓敏、周珣、孙路苹、夏如玥、曲艺彬、陈佳欣、宋柳叶、王伊千。

李正

2024 年 3 月

前　言

如今服装 CAD 与 CLO3D 软件技术普及程度越来越大，许多服装企业在服装设计与生产中会使用该软件来实现服装设计的自动化发展，并在服装生产的过程中逐渐取代传统人工服装制板技术。随着互联网的快速发展，服装制板数字化已逐渐成为许多服装企业自动化设计的常态，制板师会利用服装 CAD 来制板，也可以结合软件内的放码、排料等功能一步到位，还能与市面上不同的 3D 虚拟试衣软件对接，可提升设计效率、降低生产成本。为了提高服装生产效率，缩短产品开发时间，合理使用服装 CAD 与 CLO3D，形成一条系统的数字化设计生产链，是目前亟待解决的问题。

基于以上原因，我们编著了这本书。本书根据高等院校服装专业培养目标和基本要求，并结合作者多年的教学和应用实践经验编著而成；在此基础上，结合具体的服装款式与新颖的教学理念，学以致用，理论联系实际，软件理论与软件实践并行，可提升学生的专业素养，使学生在掌握 2D 服装设计的基本理论与技能的同时，独立进行 3D 服装创作设计。

本书分为六章：第一章是服装 CAD 与 CLO3D 概述，简要概述了服装 CAD 与 CLO3D 软件发展历史、体系构成及应用现状；第二章和第三章是服装 CAD 与 CLO3D 基础，主要对服装 CAD 与 CLO3D 的系统功能及操作使用方法进行了详细的介绍，对服装 CAD 制板及纸样创新、服装 CAD 放码、服装 CAD 排料进行了详细的介绍，并引入大量实例，使学生能在实践中掌握软件的应用，同时进行实践操作；第四章是服装 CAD 与 CLO3D 基础设计实践；第五章是服装 CAD 与 CLO3D 创意服饰设计实践；第六章是服装 CAD 与 CLO3D 作品赏析，主要目的是拓展学生创新纸样设计思维。本书中 CAD 部分由富怡服装 CAD V10.0 操作实现，并使用 CLO3D V7.0 版本完成虚拟试衣。

本书由刘婷婷、翟嘉艺、杨妍共同编著。第一章由翟嘉艺编著，第二章和第三章由刘婷婷、杨妍编著，第四章和第五章由翟嘉艺、杨妍编著，第六章由刘婷婷、翟嘉艺、杨妍编著，最后由李正教授统稿。其中刘婷婷、翟嘉艺、杨妍在服装 CAD 制板、虚拟试衣研究方面做了很多工作，同时非常感谢海得团队的莫洁诗、施安然、吴晨露、袁丽等老师提供的设计稿件，感谢富怡 CAD 公司提供的实践软件，感谢 CLO3D 中国上海分公司提供的软件、大量优质赏析虚拟试衣图片以及相关技术指导工作，在此表示衷心的感谢。

诚恳欢迎读者对书中的不足之处给予批评指正。

编著者

2024 年 3 月

目　录

第三章　服装 CLO3D 基础 / 071

第四章　服装 CAD 与 CLO3D 基础设计实践 / 091

第五章　服装 CAD 与 CLO3D 创意设计实践 / 128

第六章 服装 CAD 与 CLO3D 作品赏析 / 154

参考文献 / 176

第一章
服装CAD与CLO3D概述

随着时代的进步，科技逐步融入服装行业，促使服装由传统大批量、款式单一的生产方式转变为现代的小批量、款式多样的生产方式。服装 CAD 与 CLO3D 也由最初只有服装排料功能，增加了服装款式设计、服装制板、服装放码、人体测量、虚拟试衣等功能。通过使用服装 CAD 与 CLO3D 软件，设计师能够在数字平台上创建、编辑和修改服装设计图样，同时模拟不同面料和风格的效果。这种技术不仅提高了设计的精确性和效率，而且使得设计过程更加直观和灵活，允许快速调整和优化设计方案。

第一节　服装CAD与CLO3D的概念

服装企业广泛运用 CAD 能够提高设计师的工作效率和缩短设计周期，同时大大降低技术工人难度，减轻其劳动强度。在改善工作环境的同时，也降低了生产成本，节省人力和场地，提高了设计质量，提升了企业的现代化管理水平。服装 CAD 将成为现在和未来服装设计不可或缺的重要环节。

CLO3D 是一款领先的服装设计和模拟软件，它通过先进的 3D 技术为服装设计师提供了一个强大的平台，以精准和高效的方式设计、编辑与模拟服装。该软件能够实时展示服装在不同体型、姿势下的外观，同时允许用户调整面料特性、图案布局和缝制细节。CLO3D 的使用降低了对物理样品制作的需求，加快了设计流程，同时也促进了创新与可持续设计的实践。它已成为时尚教育和时尚产业不可或缺的工具，被众多知名品牌和设计院校广泛采用。

一、服装 CAD 的概念

服装 CAD（computer aided design），全名为服装计算机辅助设计，是将计算机技术应用于服装领域的标志性产物。服装 CAD 利用计算机中的软件和硬件技术，让服装产品和服装工艺过程按照服装设计的基本要求，进行输入、设计以及输出，可以说是一项综合性的高新技术。其中包括计算机图形学、数据库、网络通信等计算机及其他领域的知识，也被称为艺术和计算机科学交叉的边缘学科。同时，服装 CAD 把人与高新科学技术进行了有机结合，使得服装的设计、生产、管理、销售等多个环节得到更大的优化，也让服装企业越发适应现代服装周期短、更新快、个性化、质量高的时代特点。

服装 CAD 主要由款式设计、结构设计和工艺设计三类以及生产过程中的放码和排料组成。由于服装款式系统在国内外服装行业中的应用并不多，大部分设计师倾向于使用 Photoshop、

Illustrator 和 CorelDRAW 等图形处理软件进行设计，所以大多数情况下提到服装 CAD 时，一般指服装的纸样系统。通常情况下，服装纸样系统能完成计算机辅助服装打板、放码和排料的功能。服装 CAD 系统由硬件系统和软件系统两部分组成，如图 1-1 所示。

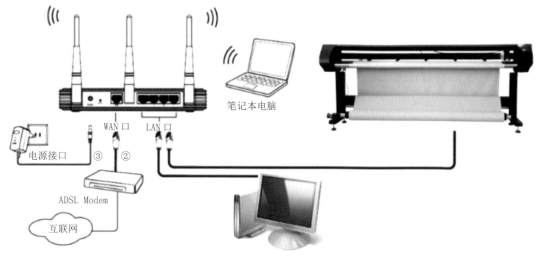

图 1-1　服装 CAD 系统的组成

ADSL Modem 是（非对称用户数字环路）提供调制数据和解调数据的机器

二、CLO3D 的概念

　　CLO3D 软件能模仿真实试衣效果，也能准确地看出 CLO3D 服装的压力值。该软件无须设计草图，可运用现有的板片模块进行组合设计。也可以直接在虚拟模特上绘制造型，自动生成板片，精确模拟面料的物理属性，即使是悬垂性良好的织物，如轻薄的梭织和针织面料，也能轻松调整服装的合身性。CLO3D 软件可降低前期设计成本，并为定制化服装设计提供更多的可视化仿真效果。

　　CLO3D 虚拟试衣系统可以直接将修正好的板型导入系统中，在试穿的过程中能在 2D 区对原型进行相应修改，还可以进行压力测试。其功能强大，可以合理地对服装进行试穿实验，并做与试穿相关的对比分析，能很好地应对数字化时代跨境服装设计发展现状。虚拟服装可以通过动态或静态展示来表现，通过虚拟模特的试穿检查服装的舒适度，分析测试虚拟服装和模型的受力情况可以在一定程度上了解穿着的舒适度。压力分布依据颜色标识可以得知人体模型的压力程度。显示绿色面积说明面料的拉伸强度弱，较为宽松；显示红色面积说明面料的拉伸强度高，较为紧绷。从虚拟服装的接触点分布可以得知面料对人体模特的束缚感及舒适度。另外，调节虚拟服装的透明度可以观察衣服的放松量，进而判断服装是否舒适，试穿修正完成后，即可使用熨烫工具将虚拟服装熨烫处理妥帖。

第二节　国内外服装CAD与虚拟试衣技术发展简史

服装产业相比于汽车、航空、电子等行业技术起步较晚，信息技术化一直以来处于相对缓慢的状态。自从20世纪70年代后，服装CAD逐渐兴起并且得到飞跃式的发展，将服装企业的生产过程从传统的密集手工劳动中解放出来，并且在国内外都得到了不同程度的应用，不断促进服装产业的改良与升级，推动行业迈入新的发展历程。以下对国内外服装CAD与虚拟试衣软件的发展概况和趋势进行简要梳理。

一、国内外服装 CAD 与虚拟试衣软件的发展概况和趋势

（一）CAD 的发展概况和趋势

1. 国外服装 CAD 的发展概况和趋势

美国于20世纪50年代发明了世界上第一台计算机绘图系统，具有简单绘图功能的计算机辅助设计技术相应诞生。1959年提出CAD的概念，并开始运用在机械行业。

20世纪70年代初，CAD在服装领域中得到应用，最早的服装CAD——MARCON，是美国于1972年研制的技术。在MARCON原有的基础上，美国格柏（Gerber）公司开发出具有放码和排料两大功能的格柏CAD。格柏CAD推向市场后受到众多服装企业的欢迎。此后，法国、英国、西班牙、日本、瑞士等也陆续推出了类似的服装CAD，当时安装CAD/CAM的几乎全是大型服装生产企业。至今，在国外发达国家服装CAD已经得到大力推广和基本普及。

1978年，成立3年的法国力克（Lectra）公司推出了计算机排料系统，排料功能是将服装的衣片样板在规定的面料幅宽内进行合理排放，提高面料的利用率，从而达到降低成衣成本的目的。

随着服装企业的增加，服装CAD的应用不断扩大，一些国家开始出现了服装CAD软件供应商，如西班牙的Investronica公司和德国的Assyst公司。20世纪80年代，为满足时代的需求，服装CAD从服装工艺设计环节向服装款式设计和服装结构设计方向发展，计算机辅助制造系统（computer aided manufacturing，CAM）和柔性缝制系统（flexible manufacturing system，FMS）应运而生。

20世纪90年代初，美国格柏公司首先推出打板系统，利用服装CAD进行样片设计，大大提升了打板的速度和效率，并被服装设计师和服装制板师们广为接受。自90年代以来，服装CAD更加完善化，整个服装行业更加规范化，服装企业的生产管理更加综合化，随之形成了计算机集成制造系统(computer-integrated manufacturing system，CIMS)。互联网技术联通了全球，让世界各地的服装企业之间交流更便捷、快速和高效。为进一步发展，各服装CAD企业着力加强云计算的研究、二维到三维的研究、三维试衣研究等技术，采用人机交互的手段来

降低企业的生产成本，减少服装从业人员的工作负荷，提高设计质量和缩短服装从设计到生产的时间。

三维服装 CAD 是指在计算机上实现三维人体测量、三维服装设计、三维立体剪裁、三维立体缝合及三维穿衣效果展示等全过程。其最终目的在于不用经过制作服装，便可以由虚拟模特试穿，达到服装的实际设计效果，从而在很大程度上节省时间和财力，提高服装生产效率和设计质量。三维服装 CAD 也是当今服装 CAD 的发展方向。

2. 国内服装 CAD 的发展概况和趋势

伴随我国经济实力的逐步提升，服装加工型企业也渐渐转型为服装设计与生产一体化企业，服装行业开始稳步发展。我国从 20 世纪 80 年代中期开始研究服装 CAD 并进行研发，一般是在借鉴国外服装 CAD 的基础上进行改良和深入，研究更符合国内大环境的服装 CAD。在各服装企业的研发和投入下，我国服装 CAD 很快进入产业化阶段。

服装 CAD 发展到现在，其中功能比较齐全、商业化运作比较成熟、使用人群较多的国内服装 CAD 研发企业有 14 家，主要有：中国航天工业总公司 710 所研发的 ARISA 系统，北京日升天辰电子有限责任公司研发的 NAC-2000 系统，杭州爱科电脑技术公司研发的 ECHO 系统，深圳富怡电脑机械有限责任公司研发的 RICIIPEACE 系统，以及樵夫、易科、图易、ET、比力、至尊宝坊 CAD 系统等。

21 世纪以来，国内服装 CAD 技术研发企业凭借着自身的性能、价格和服务等多方面优势，打破了国外服装 CAD 企业的技术垄断。国内服装 CAD 技术研发企业在研究 CAD 的同时，结合我国服装企业的生产方式与特点，侧重对服装常用的款式设计、打板、放码、排料等模块实行研发，并对服装 CAD 和 CAM 等系统进行智能化融合。国内 CAD 精准且全汉化的操作界面和提示信息，使得软件操作更易学、易懂、易操作，也为服装行业培养更多高技术型人员提供了一条捷径，使之为我国服装企业的可持续发展提供了坚实的技术保障。

（二）虚拟试衣技术的发展概况和趋势

1. 国外服装虚拟试衣技术的发展概况和趋势

目前三维服装设计系统以及模拟试衣系统逐渐进入人们的视线，近几年国外常用的虚拟试衣软件如下。

（1）Marvelous Designer 软件。Marvelous Designer 采用真实的传统布料制作方法进行 3D 布料建模。它有优化功能，新增智能辅助捕捉点功能，还具有能使部分形态固化等新功能，操作界面如图 1-2 所示。

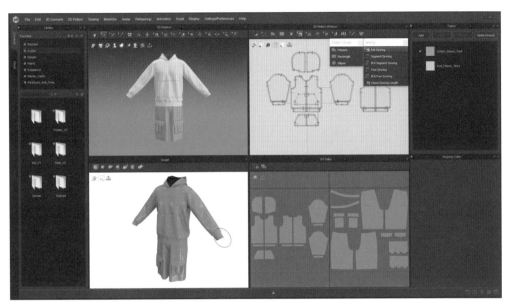

图1-2　Marvelous Designer 软件操作界面

（2）CLO3D 软件。多位学者利用该软件进行虚拟服装设计，并使用该软件对服装合体性做了相关评价，操作界面如图 1-3 所示。Marrelous Designer 和 CLO3D 属于同一个韩国公司研制的虚拟试衣软件。

图1-3　CLO3D 软件操作界面

（3）3D V-Stitcher 软件。该软件属于美国格柏公司的软件，有学者通过该虚拟试衣软件对作战服肩背部运动的舒适度进行了测试分析。格柏公司最早开发出 CAD 制板软件，后期也有较为完善的三维虚拟试衣平台用于配套使用，操作界面如图 1-4 所示。

图 1-4　3D V-Stitcher 软件操作界面

（4）美国百琪迈（PGM）公司研发的 Runway3D 人体试衣系统。有学者通过该系统对中年胖体女性西装结构进行了相关研究。设计师将二维平面设计的衣片上放在模拟人体上，将衣片模拟缝合成三维的服装，并穿着在人体模特上，方便直观观察试衣效果，针对试衣效果进行样板修改，并进一步试衣验证。在试衣界面中可以查看服装松紧度，不同的色彩代表不同的松紧度，从而给设计师和制作者提供参考意见，提高服装穿着的舒适性。该软件可以对着装人体模型进行任意缩放和全方位旋转，可以从各个角度观看效果，也可以隐藏人体，进一步察看服装内部细节。该软件采用光标缝线，可以根据需要修改缝线以及添加修饰线条，生成新的纸样，并在试衣软件中查看效果。该软件可以真实再现织物的材质和配色，任意调整图案、面料、色彩及花型大小，全面表达设计师的设计理念，达到理想效果。三维模拟人体模特可以根据实际情况调整身体各个部位的尺寸数据，从而得到各种体型特征的人体模型，例如孕妇、溜肩体、凸肚体、驼背体、肥胖体等，可以进行远程量身定做。

（5）Optitex 软件。这是一款直观、多功能且受信任的 3D 设计软件，通过设计、开发和生产之间的真正互操作性支持设计师的创造力。它也是一款打板软件，可让设计师无缝创建数字图案并制作图案尺寸，同时消除设计开发过程中的数百个手动步骤。该软件也有 3D 工具，可在创新的 3D 数字环境中显示虚拟样本，单击按钮即可制作服装并进行快速修改，渲染后实现可视化。该软件用于设计、开发和生产团队协作的单一 3D 数字环，在一个方便、高质量的工作空间中管理、共享和呈现文件的 360°视图。该软件还能根据其物理和视觉属性测量与模拟织物，是一种协作工具，可让设计师在 3D 数字环境中展示虚拟样本，决策者可以访问该环境并评论和批准样本。该软件也是一种切割布局工具，通过自动嵌套或人工在标记台上放置碎片来规划和优化纺织品的使用。Optitex 软件操作界面如图 1-5 所示。

（6）旭化成（AGMS）服装 CAD 系统是由日本旭化成株式会社 1970 年开发，该企业每年投入数亿日元从事系统的研究、开发及升级服务，有 20 多项专利成果。AGMS 软件有设计、打板、放码、排料、3D试衣系统、全自动排版、量身定制系统、生产管理系统等功能。

2. 国内服装虚拟试衣软件的发展概况与趋势

（1）Style3D虚拟试衣软件，Style3D是一款三维服装虚拟试衣软件，有较为合体的板型、有经得起50倍放大的面料细节以及动态的虚拟模特，较为吸引人的是Style3D先进服装数字技术。Style3D作为国内唯一一款大型商业化柔性体仿

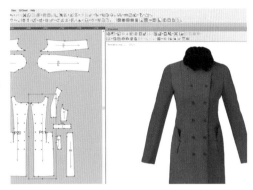

图 1-5　Optitex 软件操作界面

真工业软件，其核心技术是柔性仿真、服装真实感渲染、服装 CAD 设计，操作界面如图 1-6 所示。

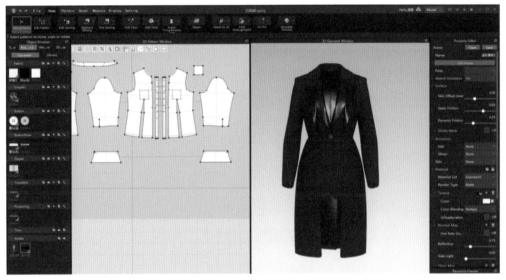

图 1-6　Style3D 软件操作界面

Style3D 有 3D 服装 CAD 建模、服装三维试衣与展示及立体裁剪等方面的功能，是一个 3D 数字化设计和建模工具。设计师可以通过 Style3D 绘制服装款式、制作板型、选择面料，建立 3D 仿真成衣模型，进行线上模特走秀，从款式、面辅料到板型，均可呈现实物原型。目前，使用该产品的品牌有 ZARA（飒拉）、H&M、森马、绫致、波司登等。目前东华大学、北京服装学院、浙江大学 CAD&CG 国家重点实验室、中山大学、北京长峰科技公司、杭州爱科公司等高校和科研机构已开发出服装 3D 模式的款式设计系统。

Style3D 有益于当下的数字化生态，例如一些基础材料的数字化，在面料数字化的基础上才可以呈现具体服装的数字化，以及服装各个细节的数字化，这能够实现数字化产业链上下游的共创，打造数字化 CAD 品类创新，捕捉未来市场需求信号，识别和强化当今中国文化。与此同

时，Style3D 具有很强的设计、修改服装样板的功能，它涵盖了服装款式设计、服装结构设计、服装样板制作、服装工艺设计、服装三维试衣与展示等各方面的内容。该软件的核心优势为 3D 设计、企划助手、实时核价、直连生产，设计主要完善功能，其中有 3D 设计研发素材库、部件化研发模式、3D 标注工艺、实时核算生产成本、自动输出 BOM 物料清单，也是成功的因素之一。

（2）POP 云图国家级纺织服装创意设计示范平台，可以在线 360°逼真展示，无须实物样衣，可了解款式全貌、板式、面辅料。模板支持自由旋转，全方位、无死角查看款式细节设计，一键转换面料、辅料、图案花型，实现"所见即所得"的设计体验，支持上传本地面料、花型在线即时模拟，模板品类丰富、齐全，定期更新不同单品模板，支持一键下载不同角度的效果图。该软件可降低样衣制作、修改纸样的概率，提高款式生产效率；减少物料、人力资源成本，缩短单品出样周期。

二、服装 CAD 与 CLO3D 应用进展

在时代审美逐渐变化的影响下，越来越多的消费者对服装产品提出了更个性化、潮流化和高质量化的要求，从而促使服装企业进一步对企业结构进行调整和升级。如今，国内服装企业离不开服装 CAD 的应用。但原有的服装 CAD 已经不能满足当下企业和消费者的阶段性需求，对现在发展成熟的服装 CAD 系统进行升级改良成为当前发展的关键。

（一）服装 CAD 应用进展

1. 三维化

目前，服装制作的过程基本都是在二维平面上制作出三维的设计，同样绝大多数服装 CAD 系统也都是基于二维的应用系统。如图 1-7 所示为三维化女衬衫展示。

随着自媒体和网购越发快速的发展，服装 CAD 从平面的二维设计转化为立体的三维设计也是发展的主要趋势。服装纸样的设计、调整以及款式的变化都会通过三维的方式完成，最后借助虚拟现实技术进行服装的展示。

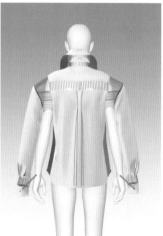

（a）女衬衫正视图　　　（b）女衬衫背视图

图 1-7　三维化女衬衫展示

2. 集成化

随着服装企业全面自动化、现代化的发展，计算机集成制造系统（computer integrated manufacturing system，CIMS）的概念被广为接受，成为服装企业发展的必然趋势。服装CAD系统与自动裁床（CAM）、吊挂运输、单元生产系统（FMS）和企业信息管理系统（MIS）等进行有机集成起来，从而使得服装企业内部得到调整和升级，如图1-8所示。

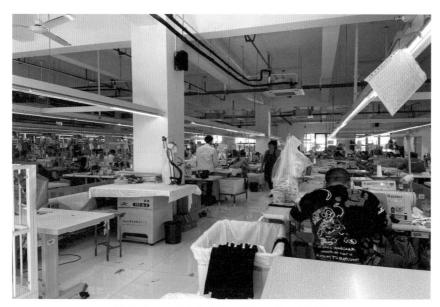

图1-8　服装企业全面自动化、集成化展示

3. 智能化

将服装CAD系统与人工智能技术进行结合同样是未来值得期待的趋势。与人工智能技术的结合不但解放了一部分劳动力，还帮助服装设计师设计出更加时尚、新颖的服装款式。从款式设计、结构设计到服装样片智能化的融入，在降低成本的同时还提高了制作效率，如图1-9所示。

4. 云端化

服装企业需要建立高效的快速反应机制，来顺应服装的流行周期。目前，全国互联网的发展迅猛，云储存、云计算、云共享等技术把设计师的设计更好地推广和共享，在节省时间成本的同时也达到了利益最大化，如图1-10所示。

5. 个性化

因全国各地的服装行业发展速度不一而且各地对服装的需求度不同，服装CAD企业可以根据不同地方的用户需求进行定制设计开发，使软件的使用更加人性化和个性化，如图1-11所示。

图 1-9　服装样片智能化裁剪展示

图 1-10　云存储、云计算、云共享形成的云端化

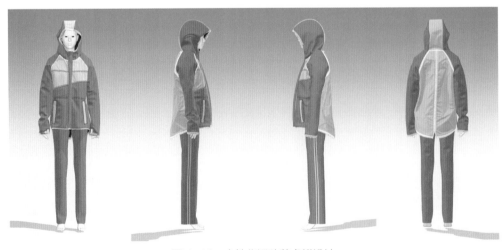

图 1-11　个性化运动装虚拟设计

6.兼容化

伴随各地服装行业的交流、合作不断增多，不同服装 CAD 系统公司开发的软件也随着行业的发展调整其兼容度，使得不同的软件互通性更强，具备更好的兼容性，如图 1-12 所示。

图 1-12　富怡 CAD 软件可导入多种格式纸样文件

（二）CLO3D 的应用进展

国内对于虚拟服装设计的研究已取得初步进展，实现了仿 3D 的虚拟设计，能快速地对服装进行轮廓绘制、面料填充、组合修改等，但与国外虚拟现实技术在服装行业的应用水平相比还存在一定的差距。

1.动态时尚化

CLO3D 的技术应用进展主要体现在动态时尚设计的探索上，特别是在数字时尚服装方面的发展。这些设计涉及可变更的风格、动态颜色和纹理变化，能够在虚拟空间中通过 3D 动画和视觉效果进行模拟。此外，CLO3D 的应用也扩展到结合虚拟和物理元素的增强现实技术，这包括使用视频映射投影、移动应用程序以及计算机图形软件程序等多种数字技术。这些进展不仅提升了设计的创新性和表现力，而且为时尚产业带来了新的可能性。

2.仿真虚拟化

CLO3D 软件让设计师能够在计算机上直接虚拟缝制出具有逼真效果的成衣，省去样衣制作过程，缩短产品开发周期，节约开发成本；可以任意替换面料的类别，改变软硬度、垂坠性等，最终不仅能在模特身上展示出静态效果，而且能让模特"动起来"，在任选的背景环境图中实现动态的服装展示。CLO3D 数字化虚拟服装设计改变了传统的采用真人模特试衣的方式，利用软件技术进行服装的立体展示，对服装设计行业重构及转型发挥着重要作用。

本书使用的虚拟试衣软件为 CLO3D 软件，该软件方便、好上手，适合学生练习使用。

第三节　服装CAD与CLO3D体系构成

服装 CAD 系统的软件和硬件与计算机技术一同迅猛发展。目前，服装 CAD 系统专用软件主要包含款式效果设计、纸样结构设计、放码和排料等。系统的主要硬件配置由三部分构成：计算机主机，包括处理器、存储器、运算器、控制器；输入设备，包括键盘、鼠标、光笔、扫描仪、数字化仪、摄像仪或数码相机等；输出设备，包括打印机、绘图仪、切割机、自动铺布机、计算机裁床等。

一、富怡服装 CAD 体系构成

富怡服装 CAD 是由天津市盈瑞恒软件有限公司研发，该软件更易上手，方便操作，富怡服装 CAD 为本书提供了相应的软件支持。

专用软件与硬件互相匹配，可形成相对独立的系统：款式效果设计系统 CASDS(computer aided styling design system)，其硬件配置包括主机、键盘、鼠标或光笔、显示器、彩色扫描仪、彩色打印机、数码相机等；纸样结构设计系统 CAPDS(computer aided patter design system)，其硬件配置包括主机、键盘、鼠标或光笔、显示器、绘图仪或切割机；放码和排料系统 CAGMS(computer aided grading、marking design system)，其硬件配置包括主机、键盘、鼠标或光笔、显示器、数字化仪、绘图仪、切割机等。

（一）硬件构成

1. 输入系统

服装 CAD 的输入系统常见的主要有数码照相机、数码摄像机、数字化仪、扫描仪等。

2. 中央（图形）处理系统

服装 CAD 的中央（图形）处理系统应用最为广泛的是微型计算机（PC），操作系统为 Windows 系统。

3. 输出系统

服装 CAD 的输出系统主要有打印机（图 1-13）、绘图仪等。

4. 自动裁剪（CAM）系统

自动裁剪（CAM）系统可接受CAD输出的排料图文件，实现自动衣片裁剪。

（二）软件构成

1. 打板系统

根据服装的款式设计绘制出结构图，根据需要对生成纸样进行修改、调整、分割、检验、加放缝份、标注标记等。

图 1-13　服装 CAD 打印机

2. 推板系统

以中间号型纸样为基准，根据纸样中的关键点进行缩放，快速推放出系列多号型纸样。

3. 排料系统

设置面料幅宽、缩水率、数量、方向等基本信息后进行样片的模拟排料，确定排料方案。目前常用的排料方式是自动排料和交互式排料。

4. 款式设计系统

设计师通过计算机进行服装款式、图案、色彩和面料的设计。

5. 试衣系统

建立款式库、配饰库、模特库等数据库，用户可以根据自己的设计和喜爱进行多样化搭配后在模特身上进行虚拟试穿。

二、CLO3D 软件体系构成

CLO3D 软件体系由多个核心组成部分构成，这些部分共同为服装设计师提供一个全面的 3D 服装设计和模拟平台。这些核心组件如下。

（1）模块化设计：包括配置器、模块化模板文件、缝制块、编辑块组件等，使设计师能够以模块化方式创建和调整设计。

（2）3D 模拟与图层：涉及实时同步／模拟、实时服装移动、高清服装展示、图案层、图案子层、缝制层、折叠图案和折叠缝线等。

（3）3D 服装编辑：包括 3D 线条运用于切割 3D 图案、平整、选择单／多网格、单／多别针、冻结 / 停用、加强和粘贴饰边 / 对象等。

（4）3D 布局：此部分包括各种工具和功能，如定位器、布局点、直接定位、折叠布局、平铺 / 曲面排列、翻转图案、叠加和智能布局等。

（5）2D 图案设计：这部分涵盖创建 / 编辑图案、AI 曲线（贝塞尔曲线）、对称 / 实例设计、夹缝 / 褶皱折叠、缺口、追踪、符号 / 注释、缝合余量和参考线等。

（6）分级：此模块包括添加图案尺寸、编辑图案尺寸和图案尺寸表等，以方便进行尺寸调整。

（7）缝制与固定：包括段缝制、自由缝制、M:N 缝制、缝制缺口、对称缝制、衣物上固定、虚拟模型上固定、褶皱缝制等。

（8）面料：涉及面料套件、仿真器、图像打开 / 保存、编辑色板、物理属性、非线性模拟、设置面料厚度等。

（9）硬件与装饰：此部分提供拉链、纽扣 / 纽扣孔、弹性、粘贴饰边 / 对象、自定义饰边 / 对象、缩放饰边 / 对象、顶针（对象 / 图像）和管道等。

（10）微调：包括对象重量、皱褶、黏合 / 削薄、压制、蒸汽、固化和压力等。

（11）虚拟模型：包括编辑虚拟模型样式、编辑虚拟模型尺寸、虚拟模型测量、虚拟模型尺带、编辑虚拟模型姿势（FK/IK）、编辑布局点、虚拟模型皮肤偏移和虚拟模型摩擦等。

（12）适配检查：包括 2D 图案测量、3D 服装测量、检查 2D 缝制长度、透明图、压力点、应力 / 应变图、适配图、1:1 查看和 3D 状态历史等。

（13）色号：包括创建色号、编辑纹理 / 颜色、颜色名称输入和查看模式等。

（14）打印布局：包括 2D 快照打印布局、排列图案和卷宽设置等。

（15）渲染图像 / 视频：包括高质量渲染、单 / 多图像、旋转台图像、旋转台视频、光属性和渲染属性等。

以下是详细的体系构成内容。

CLO3D 软件的工作界面主要有菜单栏、工具栏、库窗口、模式窗口、2D 样板窗口、3D 工作窗口、对象浏览窗口、属性编辑窗口，如图 1-14 所示。以下针对几种主要界面窗口进行相关介绍。在富怡服装 CAD V10 软件完成相关纸样设计后，再将纸样导入 CLO3D 软件中，即可在 2D 样板窗口中看到样板，可在该框口中选择相应的面料，然后在 3D 工作窗口中进行虚拟试穿。

◁ 1. 菜单栏

菜单栏位于工作界面的最上方，内容包括【文件】、【编辑】、【3D 服装】、【2D 板片】、【缝纫】、【素材】、【虚拟模特】、【渲染】、【显示】、【偏好设置】、【设置】、【手册】，每个菜单分别有不同子菜单，可完成不同相应的内容，如图 1-15 所示。

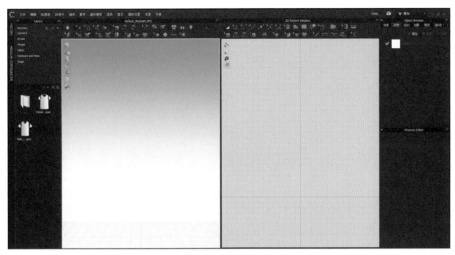

图 1-14　CLO3D 软件的 2D、3D 工作窗口

图 1-15　CLO3D 软件的菜单栏

2. 工具栏

工具栏分别在【2D 样板窗口】和【3D 工作窗口】的上方，可以用于编辑 3D 虚拟试穿、2D 样板的相关操作，其中【3D 工作窗口】的工具栏与菜单栏中的【3D 服装】的许多子菜单的功能是相同的，读者可以根据个人操作习惯来自定义布局相关工具，如图 1-16 所示。

图 1-16　CLO3D 软件的工具栏

3. 库窗口

库窗口在界面左侧，其中 CLO3D 软件自带的资源库，如图 1-17 所示，有服装（Garment）、虚拟模特（Avatar）、衣架（Hanger）、面料（Fabric）、配件（Hardware and Trims）、走秀舞台（Stage），还可以在喜好（Favorites）里增加更多的资源库。

服装（Garment）内有一些基础服装，包括夹克衫、Polo 衫、T 恤衫、大衣等资料文件。双击选项后，即可得到相应文件夹，选择想要的款式文件夹后，双击文件夹，双击服装图标后即可打开服装，可分别在【2D 样板窗口】和【3D 工作窗口】内看到服装样板及虚拟服装。

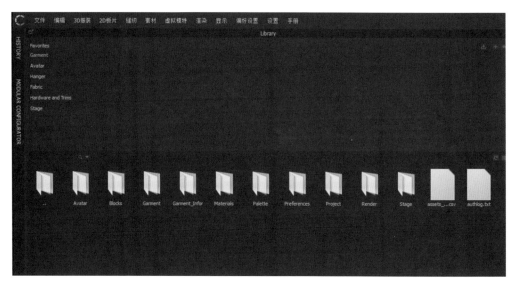

图 1-17　CLO3D 软件的服装库窗口

虚拟模特（Avatar）的资料库内有头发、姿势、鞋子、体型、肤色等类型，也有不同的女性发型造型，可为虚拟模特更换不同发型的数据，双击选择虚拟模特可导入新的模特，如图 1-18 所示；双击选择的发型后即可装饰在 3D 窗口的虚拟模特身上，如图 1-19 所示。

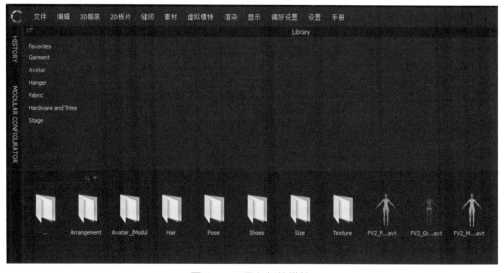

图 1-18　导入新的模特

面料（Fabric）中有不同面料资料，如图 1-20 所示，包括棉、麻、丝、毛、化纤等。用户双击面料后可以对其进行设置，也可以直接点击面料到 3D 工作窗内的某块样片中，完成面料设置步骤。

配件（Hardware and Trims）中，有较多细节配件资源，如皮带扣、纽扣、抽绳、拉链等，如图 1-21 所示，双击选中的配件，在界面右侧"对象浏览窗口"中，可统一管理设置纽扣。

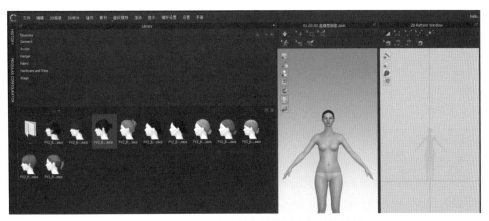

图 1-19　在 3D 窗口的虚拟模特身上装饰发型

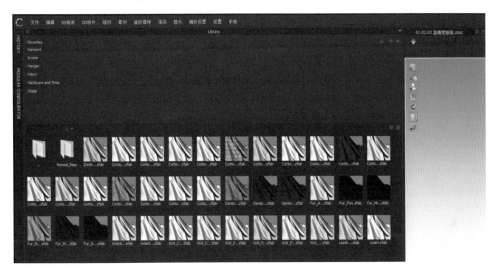

图 1-20　CLO3D 软件的面料库

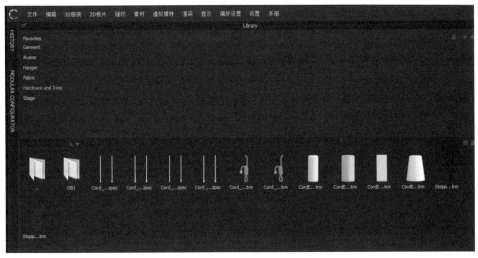

图 1-21　CLO3D 软件的配件库

走秀舞台（Stage）可为制作虚拟模特录制走秀动画而准备，由图 1-22 可知，CLO3D 有一个自定义的秀场。

4. 模式窗口

（1）窗口模式。在窗口的右上角，一种有 7 种模式（图 1-23）。①模拟模式：在 2D 窗口绘制或修改样板后，在 3D 窗口模拟服装的模式。②动画模式：录制服装动画播放机编辑的模式。③印花排放模式：按照面料印花图案确认面料排料信息的模式。④齐色模式：制作齐色款的模式。⑤各注模式：添加针对服装说明以及批改意见的模式。⑥面料计算模式：使用 CLO3D 提供的虚拟面料测试仪做虚拟面料属性测量。⑦模块化模式：简单的组合和修改样板做设计的模式。

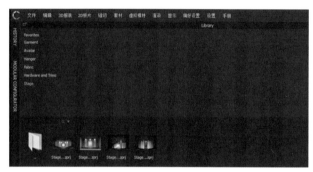

图 1-22　CLO3D 软件的走秀舞台

图 1-23　窗口模式界面

（2）2D 样板窗口和 3D 工作窗口。2D 样板窗口是绘制和缝制样板的二维空间，3D 工作窗口是模拟服装以及 360° 查看的空间。

（3）对象浏览窗口。检查好样板、织物、明线、纽扣等列表的空间，用户可直接点击进行统一管理，如图 1-24 所示。

（4）属性编辑窗口。在主界面的右下角，可以查看元素属性的空间，可在此处修改虚拟模特、纸样、织物、配件等属性参数，如图 1-25 所示。

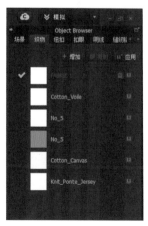

图 1-24　对象浏览窗口

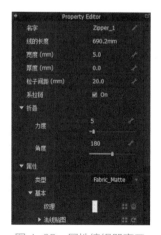

图 1-25　属性编辑器窗口

第四节　服装CAD与CLO3D的应用现状

根据目前总体发展情况而言，绝大多数发达国家中的服装企业都已全面使用服装CAD，包括企业与合作工厂之间也是运用服装CAD系统生成的文件进行服装数据的交流沟通。近十几年来，我国服装企业使用CAD的普及率大为提高，其中近万家服装企业使用CAD，并且达到了95%以上的普及率。这主要得益于我国服装教育对服装CAD的重视以及国内多家服装CAD供应商的出现。

服装纸样系统中的放码和排料功能在企业中的应用最广泛，相较而言纸样设计功能的应用正逐步扩大。主要是因为服装CAD制板需要掌握的内容比手工制板要复杂，年纪大的打板师难以适应从手工制板转变为计算机制板，他们更习惯直观的手工制板技术，而年轻的打板师虽容易掌握计算机制板，但缺乏成熟的制板经验。随着科技的发展与院校的教育，纸样设计功能的应用得到大量普及，越来越多服装企业、公司和工作室开始使用这一功能。但服装款式设计系统的应用还是较少，这与专业的服装款式设计系统价格较贵、服装企业配备较少有着较大关系，同时也与设计师的使用习惯相关。

一、服装CAD与CLO3D在企业中的应用现状

1. 服装CAD在企业中的应用现状

据统计，发达国家的服装企业和工厂大部分都使用服装CAD进行文件对接与交流。从20世纪80年代末期，我国开始使用服装CAD，国内也逐渐诞生了许多服装CAD供应商，并且在各高校和行业技术人员内普及了服装CAD的教育，使得近万家上规模的服装企业超过90%都覆盖了服装CAD。对服装CAD利用得较好的企业，为他们带来了巨大的经济效益，其中使用比较广泛的是放码系统和排料系统，能较大地提高工作效率，如果配备喷水或激光切割裁剪设备，还可以实现全自动操作。但也有种种原因让部分企业的服装CAD处于闲置，没有创造出效益，主要原因有以下几点。

（1）服装CAD自身存在不足，缺乏个性和兼容性。由于服装企业的专业化程度不断提高，服装市场类别细分越来越明确，不同类型的服装企业从设备到生产流程各方面都存在一定程度的差异，同时也会对服装CAD存在不同或特定的需求。目前各服装CAD功能并没有针对不同种类的服装企业做出专业化细分、针对性强的系统。另外，各服装CAD之间还没有较好的兼容，让中小服装设计公司不能较快速便捷地与服装工厂进行对接。

（2）国内服装企业有经验的技术人员对计算机与软件了解得不多，高校毕业生虽熟悉计算机操作却缺乏工作经验。服装CAD所需要学习的内容较庞大和复杂，并且不同的企业所使用的软件也不相同，使得技术人员要不断适应，同时也不能让年轻的人员望而却步。服装行业缺乏拥

有服装专业知识、有实践经验和计算机应用能力的人才，这也是制约 CAD 在企业中普及应用的重要原因之一。

（3）服装 CAD 供应商需要更好地帮助企业解决在使用系统过程中遇到的问题，并且在软件更新后也能及时反馈到企业。

有的安装了服装 CAD 的企业因为没有及时从供应商得到应有的技术支持和帮助，也导致软件和设备被搁置，无法发挥其应有的作用。近几年来，随着服装工人工资水平的逐步提升，许多传统小型服装企业也开始使用 CAD，从中解放一部分劳动，让企业从劳动型转为技术型。同时科学技术的发展和服装消费观念的改变，让服装市场的竞争越来越激烈，企业为顺应时代的变化，将更高新的科技逐步应用于服装的生产与制作中。例如，服装量身定制、三维人体扫描和建模、虚拟现实试衣等。

2.CLO3D 在企业中的应用现状

CLO3D 软件是一款领先的 3D 服装设计和模拟软件，它在服装企业中的应用非常广泛，特别是在时尚和服装行业。以下是 CLO3D 软件在企业中的一些关键应用。

（1）服装设计创新与效率提升。CLO3D 软件提供了一个高度直观的界面，使设计师能够快速创建和修改服装设计。这种即时的 3D 服装模拟使得设计师可以在不制作实物样品的情况下，即时看到设计的效果，大大提高了设计效率和创新能力。

（2）成本节约与可持续性。通过使用 CLO3D 软件，企业能够减少制作实体样品的需要，从而节约材料和降低成本。这不仅有助于公司的财务健康，而且促进了环境的可持续性。

（3）改善沟通与协作。CLO3D 软件支持多种文件格式，便于与不同部门和外部合作伙伴共享设计。这使得设计、生产和营销团队可以更加高效地合作，加快产品从设计到市场的时间。

（4）市场个性化需求。CLO3D 软件能够快速调整设计以适应市场趋势或消费者需求，支持更多个性化和定制化的产品开发。这有助于企业更好地响应市场变化，吸引不同需求的消费者。

（5）数字化转型。随着数字化在各行各业的普及，CLO3D 软件也成为服装企业数字化转型的重要工具。它不仅优化了设计和生产流程，还为虚拟试衣、增强现实（AR）和虚拟现实（VR）等新兴技术的应用提供了可能。

由此可知，CLO3D 软件在企业中的应用为服装设计和生产流程带来了革命性的变化，提高了效率，降低了成本，同时也为企业提供了更多创新和个性化的空间。随着技术的不断进步，未来 CLO3D 软件在企业中的应用会更加广泛和深入。

二、服装 CAD 与 CLO3D 的特点及优势

服装 CAD 和 CLO3D 都是服装设计及制作领域的重要工具，各具特点和优势。服装 CAD 系统主要用于创建和修改服装的 2D 图案及构造图，特点在于其精确的图案制作和修改能力，以

及对服装尺寸和样式的精细控制。它适用于传统的服装设计和制板流程，提高了设计的准确性和效率。相比之下，CLO3D 则专注于 3D 服装设计和模拟。它允许设计师在三维空间内直观地创建和修改服装，提供了面料模拟、服装演示和动态调整等先进功能。CLO3D 的优势在于能够实时呈现服装在不同体型和姿势下的效果，极大地提高了设计的可视化和实验性。此外，CLO3D 还支持与其他软件的数据交换，使得设计方案可以方便地导入不同的平台和工作流程中，它们各有不同特点及优势。

（一）富怡服装 CAD 的特点及优势

本书以富怡服装 CAD 软件为例，制作了大量 CAD 纸样，可供师生参考。

富怡服装 CAD 的特点是由点线结合的方式制板，打板可按公式打板，也可以自由打板，简单且易于理解，工具种类多样且操作较为简单，对于制板、线条的检查和调整、转移、加褶、展开、纸样的合并检查等，都有专门的工具类型，而且每个工具操作都较为简单方便，比较适合初学者使用，也比较适合专业院校学习教育。富怡服装 CAD 软件相对而言更适合国内设计师、制板师使用。

使用者可根据理论基础及自身情况选择相应的服装 CAD。

富怡服装 CAD V10 版本的优势有以下两点。

（1）最大的优势为联动，包括结构线间联动，纸样与结构线联动调整；转省、合并调整、对称等工具的联动，调整一个部位，其他相关部位都一起修改；剪口、扣眼、钻孔、省、褶等元素也可联动。

（2）可自动放码，所有码均可同步调整，也可单独调整，制板前需编辑号型表及相关人体尺寸数据。

（二）CLO3D 软件的特点及优势

CLO3D 软件是一个高级的 3D 服装设计和模拟工具，其显著特点和优势在于它提供了强大而直观的设计功能、高度真实的服装模拟以及有效的生产流程优化。首先，CLO3D 使设计师能够在虚拟环境中快速准确地创建和编辑服装模型，极大地提升了设计的灵活性和效率。其次，该软件能够生成极为逼真的 3D 服装渲染效果，包括面料质感、服装的自然垂坠和运动时的动态表现，这使得设计的评估和修改过程更为精确与高效。此外，CLO3D 还支持与其他软件的无缝集成，方便设计数据的传递和多环节协同工作，这不仅优化了整个服装生产流程，还为快速响应市场变化提供了强有力的支持。因此，CLO3D 不仅加速了从设计到生产的过程，也为服装行业的数字化转型和可持续发展提供了关键工具。以下是 CLO3D 的特点与优势。

1.无须设计草图

运用现有的板片模块进行组合设计，也可以直接在虚拟模特上绘制造型，自动生成板片。

2. 逼真的虚拟面料

精确模拟面料的物理属性，即使是悬垂性良好的织物，如轻薄的梭织和针织面料，也可以轻松调整服装的合身性，如图 1-26 所示。

（a）通过 CLO 制作的服装　　　　　　（b）现实中的服装

图 1-26　虚拟面料与真实面料比较

3. 无限创意

高度精确模拟的 3D 样衣使用户可以零成本自由探索每一个想法和灵感。

4. 商业展示

运用 CLO 的虚拟仿真技术创建自然、逼真的模拟环境，展示和销售用户的 3D 服装。

三、跨软件服装纸样数据传输与互换

（一）服装 CAD 纸样数据传输与互换

目前，服装企业应用的服装 CAD 众多，对每一个服装 CAD 来讲，系统具有很好的兼容性，可进行数据文件转换是其在信息化时代发展的必经之路，也是各服装 CAD 适应企业的实际需求，提升市场竞争力，维系长远发展的必然选择。服装 CAD 最终生成的是可用于放码、排料、绘图与裁剪输出的样片数据文件，当各服装 CAD 实现了相互之间的数据文件转换，文件可通过电子邮件或其他介质直接传递给加工企业时，板型师就可以将更多的精力集中到 CAD 的全新打板方式上，充分挖掘打板系统的潜力，这可以进一步发挥服装 CAD 的作用，提高服装 CAD 的使用效率，减少不必要的劳动力等。不同服装 CAD 具有不同格式的文件，目前，大多数软件互不兼容，只能在一个软件中打开，如富怡服装 CAD 制作的纸样文件无法被日升服装 CAD 直接打开，不同的软件之间存在壁垒。因此，为了能够解决这一问题，实现企业数据之间的相互交流与转换，提高软件的使用率，服装 CAD 升级了文件格式转化功能，任意不同的软件都可以将文件转化成通用格式，例如 DXF 格式。不同的软件也可以将媒介格式下的文件转化为自身软件格式。

CAD 数据交换是将原始数据文件格式转换到另外一种 CAD 文件格式的技术。其中主要的问题就是几何元素如网格、曲面以及实体造型之间的转换，以及属性、源数据、装配结构和特征数据的转换。大多数服装 CAD 的原始数据文件格式设计为内部执行模式，一般来说，不对其他服装 CAD 开放。下面以市场上主流的服装 CAD 为例进行说明。

（1）美国格柏服装 CAD 系统：GERBER Accumark 打板 / 放码。文件格式：Accumark 款式档案；Accumark 样片资料；Accumark 排版图。

（2）法国力克服装 CAD 系统：LETRA Modaris 打板 / 放码。文件格式：款式档案 *mdl，衣片格式 *iba，尺码格式 *vet。

（3）国产富怡服装 CAD 系统：RichforeverV10 系统。纸样资料 *des，排料资料 *mkr。

（4）国产日升服装 CAD 系统：NACPrO 系统，样片资料 *pac，排料资料 *amk。

（5）国产布易服装 CAD 系统：FT 系统，样片资料 *pdf。

由上述可见，各服装 CAD 的数据文件格式均为自定义格式，因此导致各个 CAD 系统之间无法直接交换数据资料，需寻求一种客观可行的解决方案。

上面提到几款国内外主流的服装 CAD，占国内服装企业 CAD 应用量的 75% 以上。不同系统间款式档案、纸样、排料文件等的数据交换，最简单的方法就是相互开放数据格式，能够直接读取对方的文件数据，从而实现系统间的数据转移，将极大方便用户使用。由于种种原因，目前商业化的服装 CAD 之间的数据格式相互不开放，使得各服装 CAD 之间无法直接进行数据交换。越来越多的软件尝试互相兼容，能做到在不同软件中做到文件数据读取，例如 DFX 格式的 CAD 文件可以在 CLO3D 软件内打开。相对于其他不能直接读取数据的系统，一般采取一种常见的格式作为转换的媒介。一个 CAD 输出这种格式，另外一个 CAD 则读取这种格式，实现数据的转换。

目前已成为国际标准常用的转换格式如下。

（1）初始化图形交换规范(initial graphics exchange specification，IGES)。定义基于 computer-aided design（CAD） 和 computer-aided manufacturing systems（CAMS，计算机辅助设计和计算机辅助制造系统）不同计算机系统之间的通用 ANSI 信息交换标准。

（2）STEP（STEP-ISO 10303.standard for the exchange of product model data）。这是国际标准化组织制定的描述整个产品生命周期内产品信息的标准。提供了一种不依赖具体系统的中性机制，旨在实现产品数据的交换和共享。

（3）DXF。这是 Autodesk 公司开发的用于 AutoCAD 与其他软件之间进行 CAD 数据交换的 CAD 数据文件格式，是一种基于矢量的 ASCT 文本格式，是开源的 CAD 数据文件格式。

（4）AAMA/ASTM。服装 CAD 系统作为常用的转换格式为 AAMA/ASTM，是基于 DXF 的通用图形交换格式。一般的服装 CAD 系统都集成了这两种格式的导入与导出模块，通过磁盘存储媒介或网络环境等，实现 CAD 之间的数据交换。

（二）服装 CLO3D 软件数据传输与互换

服装 CLO3D 软件支持多种数据传输与互换方式，使其能够在不同的设计、生产和营销环节中高效协同。这些方式主要包括以下几类。

（1）标准文件格式导入导出。CLO3D 可以导入和导出多种标准的 2D 及 3D 文件格式，如 DXF、AI、PDF 等 2D 图纸格式，以及 FBX、OBJ、LXO 等 3D 模型格式。这种灵活性使得 CLO3D 能够轻松与其他设计软件或生产工具协作。

（2）图案和面料库导入。CLO3D 允许用户导入自定义的图案和面料数据，包括面料的质地、重量、弹性等参数，从而在软件中实现高度真实的服装模拟。

（3）与 CAD 软件的兼容。CLO3D 支持与主流的 CAD 软件相互交换数据，使得服装设计师和技术设计师可以在不同软件间无缝协作。

（4）云服务和协作平台。CLO3D 与云基础设施的集成，如 CLO-SET 等服务，支持设计文件的云存储和协作，方便团队成员和合作伙伴即时共享及访问设计数据。

（5）API 和插件支持。CLO3D 提供 API 支持，允许企业开发定制的插件或集成到现有的企业资源规划（ERP）系统和供应链管理（SCM）系统中，从而实现高度定制化的数据交换和工作流程集成。

通过这些多样化的数据传输和互换方式，CLO3D 有效地促进了不同软件、平台和工具之间的协同工作，提高了工作效率，加速了产品从设计到市场的过程。

第二章
服装CAD基础

在当今快速变化的时尚界，服装 CAD 已成为设计师不可或缺的工具。从最初的概念草图到最终产品的制作，CAD 系统在每个步骤中都发挥着关键作用。本章旨在深入探讨服装 CAD 的基础知识，包括它的主要功能、操作技巧以及在现代服装设计中的应用。

服装 CAD 系统主要包含三大核心功能：制板、推板和排料。制板功能允许设计师在数字平台上创建和修改服装图案，提供了精确的尺寸和形状调整工具，从而确保设计符合特定尺码和体型要求。推板是基于原始图案进行尺寸变化的过程，通过这个功能，设计师可以轻松调整服装图案以适应不同的尺码，而无须从头开始设计每个尺寸。最后，排料功能在优化布料使用方面发挥着关键作用，它能有效计算并排列图案，以最大限度地减少布料浪费，同时确保生产效率。这三个功能共同构成了服装 CAD 系统的基础，为现代服装设计和生产提供了高效、精确且经济的解决方案。

第一节　服装CAD制板操作基础

服装制板是服装生产中不可或缺的一个步骤，服装制板技术可扩充款式造型数据库，可加快服装设计从草稿到成品的速度。随着现代制造业的发展，传统服装制板已逐渐被数字化服装制板所替代，利用服装 CAD 进行工业化制板能够提高服装生产效率与生产质量，是全球数字化服装行业的发展趋势。本节详细介绍了服装 CAD 制板操作使用方法、基本制板工具、制板设计菜单栏、工具栏，并针对女衬衫进行制板案例分析，理论结合实践，旨在让读者能更快速学会使用富怡 CAD 软件。

一、服装 CAD 制板操作使用方法

在服装 CAD 系统内进行纸样设计能够让读者更快地熟悉操作步骤。CAD 系统提供了两种制板方式，分别是公式法和自由设计法，其中基础纸样所使用的是公式法，创新设计纸样所使用的为自由设计法，读者可根据不同的设计需求来选择制板方法。由于不同国家的消费人群的体型特征不同，纸样制作方法也不同。

在工业 4.0 的推动下，智能制造已经是服装企业的发展趋势，富怡服装 CAD V10.0 是富怡公司近几年推广频次较多的软件版本，具有完善的开样、放码、排料等基本功能，包含多种制板方式，可用于大货生产、高级定制、团体定制等多种生产模式，同时拥有较多专业工具的服务，如模板功能服务。另外可连接超级排料软件，能加快生产速率，也可连接基于 SAAS 模式的云

超排，针对不同需求与成本来排料。云转换功能为使用者更换软件或与其他客户文件对接提供了极大的便利。

本书仅针对基本功能进行详细介绍，方便大家快速入门。

富怡服装 CAD 问世至今已有 20 年，是主要基于微软公司标准操作平台开发的一套专业服装工艺软件。富怡服装 CAD V10.0 共有三个版本：①教育版；②数据库版；③企业单机版。其中免费版富怡服装 CAD Super V8.0 可完成基本操作。本书中的案例与工具都以富怡服装 CAD V10.0 教育版为平台进行操作。

如图 2-1 所示为系统的工作界面。熟悉工作界面是熟练操作服装 CAD 和提高工作效率的前提。

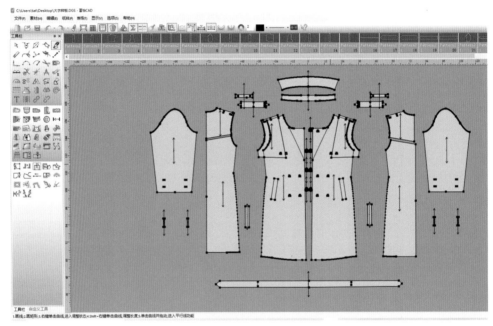

图 2-1　富怡服装 CAD 系统工作界面

富怡 CAD 的制板设计系统与放码系统在一个工作环境内。

1. 存盘路径

显示当前打开文件的存盘路径，即可打开对应的纸样文件，还可保存绘制后的纸样。

2. 菜单栏

该区域是放置菜单命令的地方，每个菜单的下拉菜单中又有不同的命令。单击菜单，会在窗口上显示出一个下拉式列表，可用鼠标左击选择一个命令，也可以按住 Alt 键，选择菜单后的对应字母，即可选中想要的菜单，最后使用方向键选中命令。

3. 主工具栏

主工具栏内有常用命令的快捷图标，为完成设计与放码工作提供了较高的速率。

4. 衣片列表框

用于放置窗口内款式的纸样，把纸样放置在一个小格的纸样框中，纸样框布局可通过【选项】-【系统设置】-【界面设置】-【纸样列表框布局】改变纸样的位置，服装的衣片列表框中放置了该款式的全部纸样，衣片列表框内会显示纸样名称、份数和次序号，可拖动纸样调整顺序，选择不同的布料会得到不一样的背景色，用鼠标右击衣片列表框，可选择排列方式并展示所有纸样。

5. 标尺

可展示当前使用的度量单位。

6. 工具栏

工具栏有绘制、修改结构线或纸样以及放码的工具。选中相应的工具，系统右侧会显示工具的属性栏，能够满足更多的功能需求，提高工作效率，减少切换单独工具的步骤。

7. 工作区

工作区可放大数倍，在绘图时可以显示纸张的边界，可在工作区内进行服装 CAD 相关设计——既可以设计结构线，也可对纸样放码。

8. 状态栏

状态栏位于系统底部，会在此处显示当前使用的工具名称与操作提示。

9. 鼠标基本操作说明

（1）单击左键：指按下鼠标的左键，同时在未移动鼠标的情况下松开左键。

（2）单击右键：指按下鼠标的右键，同时在未移动鼠标的情况下松开右键，也表示某一命令的操作结束。

（3）双击右键：指在同一位置快速按下鼠标右键两次。

（4）左键拖拉：指把鼠标移到点、线图元上后，按下鼠标的左键并且保持按下状态移动鼠标。

（5）右键拖拉：指把鼠标移到点、线图元上后，按下鼠标的右键并保持按下状态时移动鼠标。

（6）左键框选：指在没有把鼠标移到点、线图元上前，按下鼠标的左键并保持按下状态时移动鼠标。如果距离线较近，为避免变成左键拖拉，可以先按下 Ctrl 键，再点击鼠标左键。

（7）右键框选：指在没有把鼠标移到点、线图元上前，按下鼠标的右键并且保持按下状态移动鼠标。如果距离线较近，为避免变成左键拖拉，可以先按下 Ctrl 键，再点击鼠标右键。

（8）点（按）：鼠标指针选择到对应对象上，然后迅速点击鼠标左键。

（9）单击：没有特意说用右键时，都是指左键。

（10）框选：没有特意说用右键时，都是指左键。

（11）鼠标滑轮：在选中任何工具的情况下，向前滚动鼠标滑轮，工作区的纸样或结构线向下移动；向后滚动鼠标滑轮，工作区的纸样或结构线向上移动；单击鼠标滑轮为全屏显示。

10. 纸样输入

富怡服装 CAD 系统可通过纸样设计的软件进行纸样输入，还可以输入 Gerber、HPGL、DXF 文件，可对不同服装 CAD 软件进行操作，实现兼容，如图 2-2 所示。

如果是手工制作的样板，则需要使用服装纸样扫描仪，通过扫描仪将手工纸样快速输入计算机内，保存为软件通用格式文件即可。

11. 纸样输出

输出设备有绘图仪、切割机、裁床，软件可直接连接到兼容纯输出设备，通过输出命令进行输出，输出格式为 PLT、HPGL 文件。还可以输出

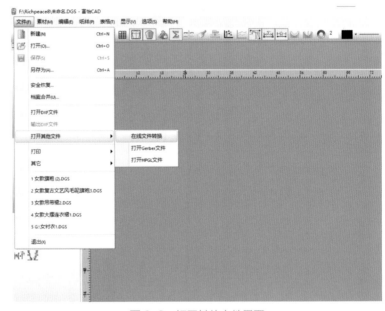

图 2-2　打开其他文件界面

特定格式，保存后放入输出设备的计算机中处理。

利用服装 CAD 软件进行纸样设计后可进行数据存储，单击【文档】菜单－【保存到图库】，弹出【保存到图库】对话框，选择存储路径输入名称，单击【保存】即可。由于不同服装 CAD 的格式不同，可以通过通用格式来转换为自身格式，最常用的则是 DXF 格式，也可导入其他能打开此类文件的 CAD 软件中，而富怡服装 CAD 的制板及推板文件的扩展名为 *DGS，排料文

件的扩展名为 *mkr。

二、服装 CAD 基本制板工具

按功能可将工具分为以下几种。

（1）基本绘图工具，主要用于绘制基本款的纸样，其中包括绘制点、线、矩形等常规绘制工具，还有圆规、等分规等工具，均在设计工具栏内，如图 2-3（a）所示。

（2）修改检查工具，主要有调整线段形状、长度、角连接等工具。修改检查工具如图 2-3（b）所示。

（3）结构变化工具，主要包括省道、褶、纸样变化的工具。

（4）纸样工具，主要包括纸样的拾取、封边、加缝份、剪口、分割纸样等工具，如图 2-3（c）所示。

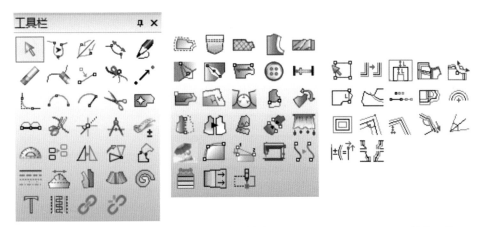

（a）基本绘图工具　　　　　（b）修改检查工具　　　　　（c）纸样工具

图 2-3　工具图

基本绘图工具主要是用来按比例绘制、修改结构线和纸样的，其中包括以下内容。

1. 主工具栏

用于放置常用命令的快捷图标，可提高设计与放码工作效率。

2. 工具栏

选中每个工具，右侧都会显示该工具的属性栏，使得一个工具能够满足更加多的功能需求，减少切换工具的频率。

3. 工具栏属性

主要包含四部分内容，即纸样信息栏、长度比较表栏、参照表栏、款式图栏。

4. 制图工具的使用

（1）步骤操作

①在工作区排列好需要绘制的纸样或结构图，绘制纸样时也可以单击【编辑】菜单－【自动排列绘图区】。

②按 F10 键，显示纸张宽边界，注意：当布纹线上出现圆形红色警示时，需要把该纸样移入界内的工作区域。

③单击该图标，弹出【绘图】对话框。

④选择需要的绘图比例与绘图方式，在暂时用不到的绘图尺码上单击使其失去颜色填充。

⑤在对话框中设置当前绘图仪型号、纸张大小、工作目录、预留边缘等。

⑥单击【确定】即可绘图。

（2）提示

①在绘图中心中设置连接绘图仪的端口。

②更改纸样内外线输出的线型、布纹线、剪口等设置，则需在【选项】－【系统设置】－【打印绘图】中设置。

三、服装 CAD 制板设计菜单栏

富怡服装 CAD 的打板与放码系统主要包括纸样设计以及放码的功能，打板和放码使用同一个界面就能完成，大大提高了工作的效率。在系统中优先要了解的就是设计菜单栏，主要存放着大量的菜单命令，通过一些菜单命令可以快速地完成纸样的设计与打板。

（一）菜单栏图示说明

菜单栏主要是放置菜单命令的地方，包含文件、素材、编辑、纸样、表格、显示、选项、帮助 8 个主要菜单，右击其中一个菜单都会出现下拉菜单，在下拉菜单中若字体呈现灰色，则表示该命令在此状态下不可执行，如需执行需满足命令条件。命令字体右边有字母显示的则表示该命令的快捷键，多是一些常用的命令，在熟悉各菜单的名称之后可以在设计过程中使用快捷键提高工作效率。

1. 文件菜单

文件菜单栏如图 2-4（a）所示。除新建、打开、保存等软件常备的操作外，也有安全恢复与档案并存的选项设置。

2. 素材菜单

素材菜单下主要是针对款式库的新增菜单，其中包括打开、保存与编辑款式库的工具菜单，除此之外还有部件库的选项。具体菜单如图 2-4（b）所示，款式库的建立为用户的使用提供了巨大的便利。

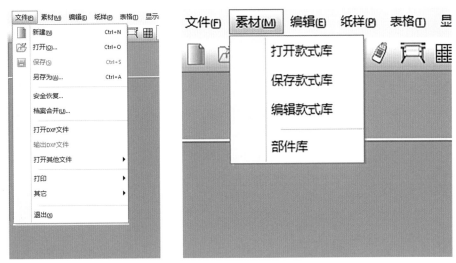

（a）文件子菜单　　　　　　　　　　（b）素材菜单

图 2-4　文件与素材菜单界面

3. 编辑菜单

编辑菜单如图 2-5（a）所示。在此状态下的复制和粘贴纸样与恢复工作区纸样位置呈现灰色。记忆工作区纸样设置、清除多余点与 1:1 误差修正的功能为纸样编辑工作提高效率。

4. 纸样菜单

纸样菜单如图 2-5（b）所示。不同于早期的版本，现在纸样菜单下的功能更加齐全：款式资料、做规则纸样以及一些对纸样的细节操作使得对纸样的设计与编辑更加便利。

（a）编辑菜单　　　　　　　　　　（b）纸样菜单

图 2-5　编辑与纸样菜单界面

5. 表格菜单

表格菜单如图 2-6（a）所示，包括尺寸变量、纸样信息表、计算充绒。

6. 显示菜单

显示菜单如图 2-6（b）所示，主要显示的有衣片列表框与主工具栏，其他想显示的内容根据制板需求框选。

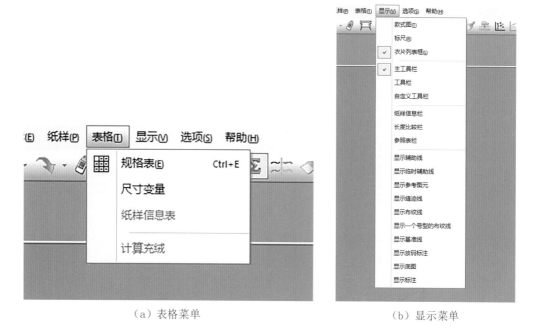

（a）表格菜单　　　　　　　　　　　　（b）显示菜单

图 2-6　表格与显示菜单界面

7. 选项菜单

选项菜单如图 2-7 所示，在默认状态下，尺寸对话框与点偏移对话框都是处于启用状态的。系统设置、层设置与钻孔命令设置则需要点击显示。

8. 帮助菜单

帮助菜单是一般软件都具备的选项，旨在帮助用户解决常出现的问题与麻烦。富怡服装 CAD 系统中的帮助菜单有四个功能：演示视频、关于 Design、修改密码、更改用户 [图 2-7（b）]，从四个方面较为全面地解决用户在使用过程中所遇到的麻烦与困难。

（二）菜单栏的使用技巧

该命令是用于给当前文件做一个备份。由于菜单栏下的下拉菜单众多，因此，下面根据市场需求以及使用频率等要素挑选一些功能的使用技巧进行详细说明。

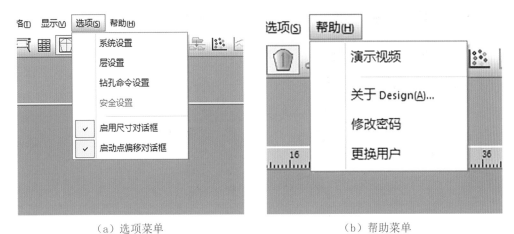

（a）选项菜单　　　　　　　　　　（b）帮助菜单

图 2-7　选项与把帮助菜单界面

1.文件菜单

（1）安全恢复。因各种原因导致没有来得及保存的文件，用该命令可以恢复，因此提高了工作效率，避免发生重复劳动。

（2）打开 DXF 文件。主要用于打开国际标准格式 DXF 文件。DXF 文件是一种开放的文件格式，可在不同软件中打开。

（3）输出 DXF 文件。可以将在富怡服装 CAD 中绘制的文件转成 AAMA 或 ASTM 格式文件。如图 2-8 所示，其 ASTM/AAMA 为标准的国际通用格式。转化后的 DXF 文件可以通用于其他服装CAD 软件与 3D 虚拟试衣软件。

2.素材菜单

（1）打开款式库。款式库中系统自带的基础款式，可以调入 DGS 里进行编辑和修改，提高纸样设计的效率，如图 2-9 所示。款式库内基本可分为上装、裙装、裤装三大类，其中上装主要分为女装、男装、童装；裙装主要分为女款裙、童款裙；裤装主要分为女裤、男裤、童裤。

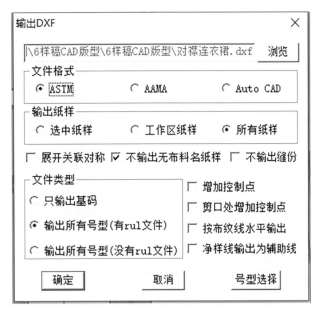

图 2-8　输出 ASTM 格式纸样

图 2-9　款式库的图

（2）保存款式库。这一菜单功能可以将自己制作的款式保存到款式库里，以便下次调用与修改，可以为保存的款式文件进行命名与分类，方便下次寻找，如图 2-10 所示。

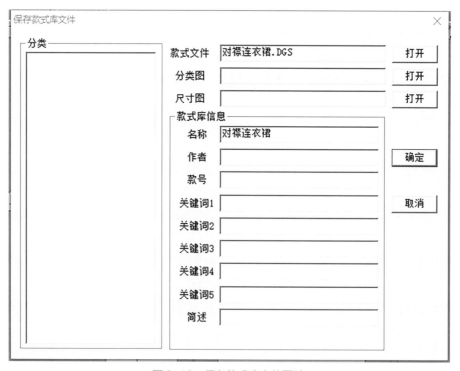

图 2-10　保存款式库文件图片

3. 编辑菜单

（1）自动排列绘图区。该功能可以将工作区的纸样按照绘图纸张的宽度自动排列，只需要选择需要排列的纸样进行填充，设置好纸样间隙即可完成自动排列，提高效率，如图2-11（a）所示。

（2）记忆工作区中纸样位置。当工作区中纸样排列完毕，执行【记忆工作区中纸样位置】并点击存储区后，如图2-11（b）所示，系统就会记忆各纸样在工作区的摆放位置。

（a）【自动排列】对话框　　（b）【保存位置】对话框

图2-11　自动排列绘图区

（3）1:1误差修正。该命令主要能够为了进行误差修正，如图2-12所示，通过测量系统中的此线段数值与真实该线段数值间的误差，缩小误差范围。

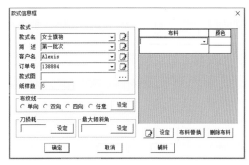

图2-12　误差修正

4. 纸样菜单

（1）款式资料。该命令用于统一输入同一文件中所有纸样的共同信息。除此之外，在款式资料中输入的信息可以在布纹线上下显示，并可传送到排料系统中随纸样一起输出。

（2）做规则纸样。通过该命令快速做圆形或矩形纸样，如图2-13所示。

（3）删除图元。快速清除结构线及纸样上的图元类型，包括辅助线、褶、剪口、扣眼等，如图2-14（a）所示，勾选想要删除的图元类型可快速删除。

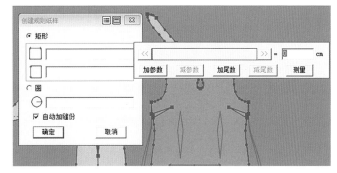

图2-13　做规则纸样图示

（4）纸样生成打板草图。将纸样生成新的打板草图，在弹出的子栏目框中勾选所需要的选项完成打板草图，详细可见图2-14（b）。

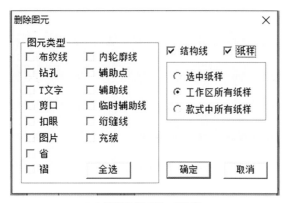 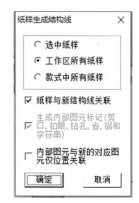

（a）【删除图元】对话框　　　　　　　　（b）【纸样生成结构线】对话框

图 2-14　【删除图元】及【纸样生成结构线】对话框

5. 表格菜单

（1）尺寸变量。该命令用于存放线段测量的记录，可以查看各码数据，也可以修改尺寸变量符号。

（2）计算充绒。该功能能够通过输入整体充绒密度以及所有充绒损耗，点击计算充绒，会出现充绒数据表格。

四、服装 CAD 制板工具栏介绍

富怡服装 CAD 启动后，即可看见工具栏，对工具栏的介绍可更快熟悉系统的主要工具内容。本部分仅对较为重点的工具进行相应介绍，在后期进行制板实践时会常使用到工具栏内的工具。

（一）快捷工具栏

快捷工具栏如图2-15所示，由于工具众多，挑选其中常用的工具进行说明。

图 2-15　快捷工具栏

1. 【重新执行】工具

该工具把撤销的操作再恢复，每按一次就可以复原一步操作，可以执行多次。快捷键为 Ctrl+Y。

2. 【读纸样】工具

主要将手工做的基码纸样或放好码的网状纸样输入计算机中。

3. 【绘图】工具

按照一定的比例绘制纸样或结构图。可在弹出的对话框中设置当前绘图仪型号、纸张大小、预留边缘、工作目录等数据,如图2-16(a)所示。

4. 【规格表】工具

该工具通过输入服装的规格尺寸来编辑号型尺码及颜色,如图2-16(b)所示,以便放码。

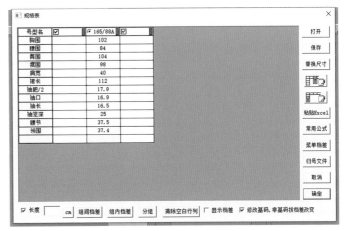

(a)【绘图】对话框   (b)【规格表】对话框

图2-16 【绘图】和【规格表】对话框

5. 【显示一个纸样】工具

该工具可以进行纸样的锁定,纸样被锁定后,只能对该纸样操作,这样既可以排除干扰,也可以防止对其他纸样的误操作。

6. 【公式法和自由法切换】工具

该工具可以随意切换是自由法打板还是公式法打板。自由法打板对操作者要求更高,能够熟练掌握纸样与数据。

7. 【纸样按查找方式显示】工具

按照纸样名或布料两种方式将纸样窗的纸样放置在工作区中,如图2-17所示,便于查找纸样。

（a）【查找纸样】对话框　　　　　　　（b）【点放码表】对话框

图 2-17　【查找纸样】和【点放码表】对话框

8. 【复制放码量】工具

该工具用于快速复制已放码的点的放码值，便于粘贴给其他控制点。

9. 【按规则放码】工具

该工具按规格表里的规格进行放码。

10. 【匹配参考图元】工具

该工具显示画线时与参考图元是否匹配，图元包括点、线、钻孔以及剪口等。图标呈现选中状态则表示匹配，图标呈现未选中则表示不匹配。

11. 【显示 / 隐藏标注】工具

主要是未显示或隐藏标注。图标在选中状态下会显示标注，没选中即为隐藏。

12. 【定型放码】工具

该工具可以让其他码的曲线的弯曲程度与基码一致。

13. 【等幅高放码】工具

该工具将两个放码点之间的曲线按照等高的方式放码。

14. 【颜色设置】工具

该工具主要用于调整纸样列表框、工作视窗和纸样号型的颜色。

15. 【等份数】工具

该工具主要用于等份线段，图标框中的数字显示多少则是将线段等分为多少份。

16. 【线颜色】工具

该工具主要用于设定或改变结构线的颜色。

17. 【曲线显示形状】工具

该工具主要用于改变线的形状。

（二）纸样工具栏

纸样工具栏如图2-18所示。

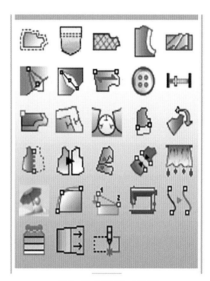

（a）基本绘图工具栏　　　　　（b）修改检查工具栏

图2-18　纸样工具栏

1. 【调整】工具

该工具用于调整曲线的形状，查看线的长度，修改曲线上控制点的数量，曲线点与转折点的转换。

2. 【合并调整】工具

该工具主要用于将线段移动旋转后进行调整，常用于调整前后袖笼、下摆、省道、前后领口及肩点拼接处等位置。合并调整能够减少不同纸样间的重复操作。

3. 【对称调整】工具

该工具主要是对纸样或结构线进行对称调整，常用于对领。

4. 【曲线调整】工具

该工具用于检查和调整两点间曲线的长度、两点间直度，如图 2-19 所示。

5. 【橡皮擦】工具

该工具主要用于删除结构图上的点、线，纸样上的辅助线、剪口、钻孔、图片、省褶、缝迹线、绗缝线、放码线、基准点（线放码）等。

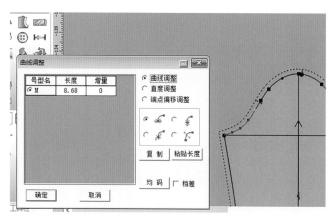

图 2-19 【曲线调整】对话框

6. 【局部删除】工具

该工具主要用于删除线上某一局部线段。

7. 【点 P】工具

该工具能够直接在线上定位加点或空白处加点，适用于纸样、结构线。用该工具在要加点的线上单击，靠近点的一端会出现亮星点，并弹出【点位置】对话框，输入数据，确定即可，如图 2-20 所示。

图 2-20 【点位置】对话框

8. 【关联 / 非关联】工具

将端点相交的线用【关联 / 非关联】工具调整时，使用过关联的两端点会一起调整，使用过非关联的两端点不会一起调整。

9. 【替换点】工具

该工具可以替换要替换的点，使用完该工具后与原点相连的线段也会与替换点连接。

10. 【圆角】工具

该工具可以在不平行的两条线上，做等距或不等距圆角曲线。便于制作西服前幅底摆，圆角口袋。

11. 【三点弧线】工具

该工具用于快速形成一段圆弧线或画三点圆。适用于画结构线、纸样辅助线。

12. 【CSE 圆弧】工具

该工具可快速画圆弧、画圆，在弹出的对话框中输入合适的半径即可立刻形成圆弧或圆。适用于画结构线、纸样辅助线，如图 2-21 所示。

13. 【剪刀】工具

该工具用于从结构线或辅助线上拾取纸样。

14. 【拾取内轮廓】工具

该工具用于在纸样内挖空心图。可以在结构线上拾取，也可以将纸样内的辅助线形成的区域挖空。

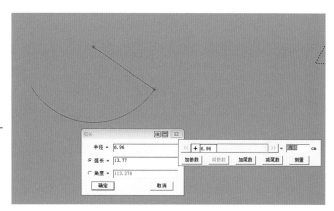

图 2-21　绘制圆弧纸样辅助线

15. 【等份规】工具

用该工具在线上加等分点或是反向等距点，在弹出的对话框中输入数据即可等分整个线段。

16. 【剪断线】工具

该工具用于将一条线从指定位置断开，变成两条线，也能同时用一条线打断多条线，或把多段线连接成一条线，如图 2-22 所示。

17. 【圆规】工具

该工具主要分为单圆规与双圆规。单圆规主要是从关键点出发连接到一条线上的定长直线，常用于画肩斜线、夹直、裤子后腰、袖山斜线等。双圆规则是通过指定两点出发连接到一条线上的定长直线，能够同时做出两条指定长度的线。常用于画袖山斜线、西装驳头等。

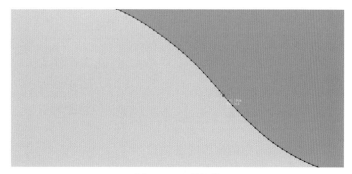

图 2-22　剪断线

18. 【比较长度】工具

该工具主要用于测量一段或是多段线总长，也能够比较多段线的差值，也可以测量剪口到点的长度。主要用于对比纸样线段间的长度，减少误差，如图 2-23 所示。

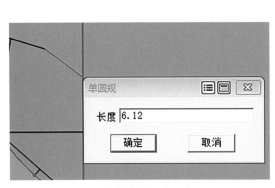

（a）【单圆规】对话框　　　　　（b）【点位置】对话框

图 2-23　【比较长度】工具

19. 【对称复制】工具

该工具能够根据对称轴对称复制（对称移动）结构线、图元或纸样。

20. 【插入省褶】工具

该工具主要用于在选中的线段上快速插入省、褶，多用于制作泡泡袖、立体口袋等。

21. 【转省】工具

该工具能够便于用户将结构线及纸样上的省做转移。可同心也可不同心转，可全部转移也可以部分转移，还可以等分转省，转省方式多样且便于操作。

22. 【缝份】工具

该工具主要用于给纸样加缝份或修改缝份量及切角。

23. 【V 形省】工具

该工具能够在结构线或纸样边线上增加或修改 V 形省，如图 2-24 所示。

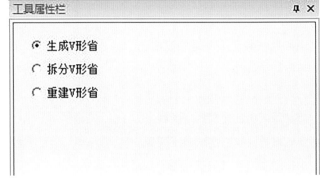

图 2-24　生成省道

24. 【布纹线】工具

该工具主要用于创建布纹线，调整布纹线的方向、位置、长度以及布纹线上的文字信息。

25. 【钻孔】工具

该工具用于在结构线或纸样上加钻孔或是扣位，能够修改钻孔和扣位的属性及数量。

26. 【剪口】工具

该工具可以在结构线或纸样边线上加剪口、拐角处加剪口以及辅助线指向边线的位置加剪口，还可以调整剪口的方向，对剪口放码以及修改剪口的定位尺寸和属性。

五、智能笔操作技巧

富怡服装CAD的【智能笔】工具在绘制服装结构线及样板时的使用频率较高，它能实现多项操作过程，使用起来较为方便，还能通过提高制图效率，掌握其功能操作技巧极为重要，因此本部分专门介绍该工具。

【智能笔】工具有多种功能，是绘制结构图与纸样中最为方便的一个工具，用于实现画线、作矩形、调整、调整线的长度、连角、转省、加省山、删除、单向靠边、双向靠边、移动（复制）点线、剪断（连接）线、收省、相交等距线、圆规、不相交等距线、三角板、偏移点（线）、偏移等功能。

（一）单击左键

单击左键主要是进入操作，单击形成第一个点后单击右键即可形成【丁字尺】工具，可以进行水平、垂直以及45°的线条绘制。除此之外，画线过程中按Shift键可切换折线与曲线，如图2-25所示。

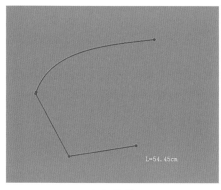

（a）效果1　　　　　　　（b）效果2

图2-25　单击左键后的效果

（二）左键拖拉

（1）长按左键拖拉则进入□【矩形】工具；在线上单击左键拖拉，进入等距线。

（2）在关键点上按下左键拖动到一条线上放开进入【单圆规】工具界面，如图2-26所示。

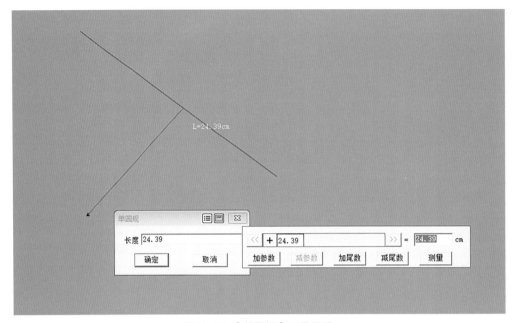

图2-26 【单圆规】工具界面

（3）按下Shift键，左键拖拉选中两点则进入【三角板】，再点击另外一点，拖动鼠标，作选中线的平行线或垂直线。

（三）左键框选

（1）在空白处框选进入□【矩形】工具。

（2）左键框住两条线后单击右键为【连角】工具，如图2-27所示。

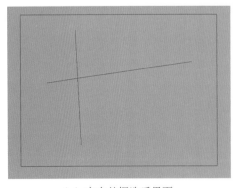
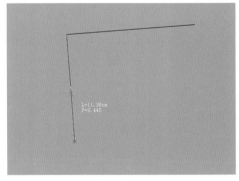

（a）空白处框选后界面　　　　　　（b）【连角】工具使用界面

图2-27 【连角】工具界面

（3）如果左键框选一条或多条线后，再在另外一条线上单击左键，则进入【靠边】功能，在需要线的一边点击右键，为【单向靠边】。

（4）如果左键框选一条或多条线后，再按 Delete 键则删除所选的线。

（5）左键框选四条线后，单击右键则为【加省山】功能（在省的那一侧点击右键，省底就向那一侧倒），如图 2-28 所示。

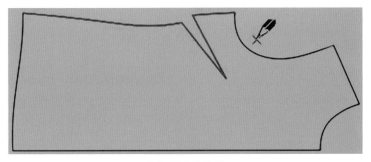

（a）选中四条线

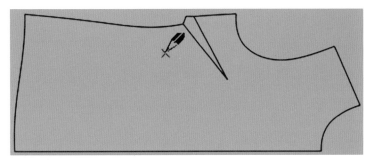

（b）在省的左侧点击右键

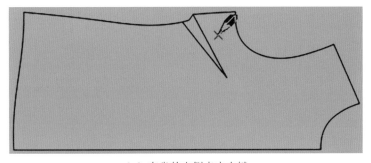

（c）在省的右侧点击右键

图 2-28　加省山步骤

（6）左键框选一条或多条线后，按下 Shift 键，单击左键选择线则进入【转省】功能。

（四）单击右键

（1）在线上单击右键则进入【修改】工具。

（2）按下 Shift 键，在线上单击右键则进入【曲线调整】。在线的中间点击右键为两端不变，调整曲线长度。如果在线的一端点击右键，则在这一端调整线的长度，如图 2-29 所示。

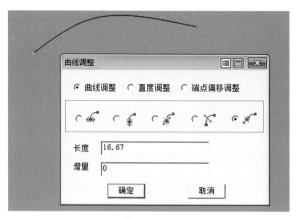

图 2-29 【曲线调整】对话框

（五）右键拖拉

（1）在关键点上，右键拖拉进入【水平垂直线】对话框（右键切换四个方向），如图 2-30 所示。

（2）按下 Shift 键，在关键点上，右键拖拉点进入【偏移】对话框，如图 2-31 所示。

图 2-30 【水平垂直线】对话框

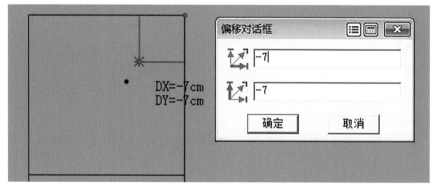

图 2-31 【偏移】对话框

（六）右键框选

（1）右键框选一条线进入【剪断（连接）线】对话框。

（2）按下 Shift 键，右键框选一条线进入【收省】对话框。

（七）功能切换技巧

前面提及 【智能笔】工具基础的画线方式，如图 2-32 所示。在画线过程中可灵活切换，在画折线过程中松开Shift键，返回画弧线功能，再次按下Shift键，可继续画折线。

（八）省道转移

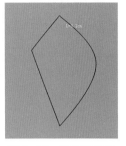

1. 全部省量合并

在全部省量合并的操作过程中，首先要按着Shift键，然后左键框选需要转省的一条或多条线段，再用左键单击新的省位线，进入【转省】对话框后方可松开Shift键，再按右键。单击合并省的起始边，再单击另一省边就能直接完成省道转移，如图2-33所示。

图2-32　画折线后的效果

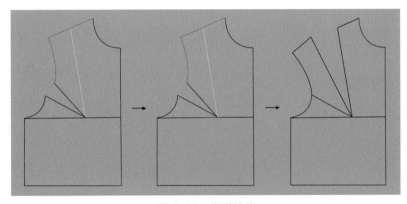

图2-33　省道转移

2. 收省

首先按着Shift键，右键框选需要加省的线段，左键单击省中线，在弹出的【省宽】对话框中输入省量后点击确定。再点击左键，此时在两条省边移动鼠标，确定省的倒向，省山的方向也随之改变，确定后再点击左键。此时可调整加省线的形状，按右键结束，具体操作如图2-34所示。

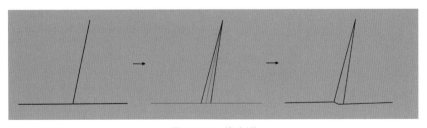

图2-34　收省道

3. 加省山

左键框选开口省的四条线（线段A、线段B、线段C、线段D），单击右键，生成省山，如

图 2-35 所示。

图 2-35　加省山

4. 三角板

三角板用于在线上（或线外）指定点作与该线相垂直或平行的定长线段。主要的操作方式是：首先按住 Shift 键，左键点击线段的一个端点或交点，然后按着左键拖动至该线的另一端点或交点，松开，这样就会进入三角板功能。

用左键在点击线上（或线外）指定垂点，拖动鼠标，再点击左键，在弹出的【长度】对话框中输入线段长度值，做出选中线的垂直线或平行线，如图 2-36 所示。

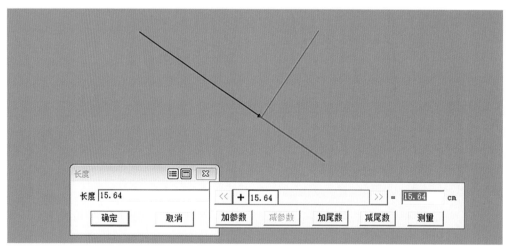

图 2-36　三角板工具图

六、女衬衫 CAD 制板

本部分选择的基础型衬衫为女长袖衬衫。目前衬衫是我国服装的重要款型之一，在服装定制中衬衫的频次较高，易标准化，利用服装 CAD 进行衬衫制板，有利于后期线上个性化衬衫定制业务的发展。

利用 3D 测量仪器进行量体后，可直接得到相关数据，再通过服装 CAD 制板，形成一条完整的数字化生产链。目前我国针对衬衫进行纸样设计有以下几处创新。

（1）对衬衫纸样设计方法上的创新。苏州大学的曹兵权对人体各部位归档后得到相应的衬衫部件，在基础样板上利用服装CAD储存矢量图，对照服装号型分析人体体型以提取对应部位的样板矢量部件进行重构并生成样板。

（2）基于衬衫进行的量身定制的体型分类方法创新。此方法利用衬衫款式结构样片各部位点进行线性的参数变化，并进行修改，根据修改的参数，建立新的衬衫样片变化规则，进行体型分类，这种方法可提高效率，减少大量修改样板的时间。

以下为女衬衫的制板步骤。

1. 女衬衫 CAD 制板要求

衬衫必须符合以下几点。①前后片有腰省，前侧也有省道，翻领，较合身，为经典款式衬衫。②需要以下必要尺寸：衣长、胸围、腰围、肩宽，袖长、领围。③由于是较合身的款式，因此胸围松量为32cm，腰围松量为42cm。

2. 号型设置

女衬衫详细尺寸数据如表2-1所列，其款式图见图2-37，其中绘制基础线的步骤如下，具体操作步骤见二维码。

表 2-1　女衬衫详细尺寸数据　　　　　　　　　　　　　单位：cm

部位	衣长	胸围	腰围	肩宽	领围	袖长	袖口
尺寸	58	120	110	42	40	60	27

（a）正面　　　　　　　　　（b）背面

图 2-37　女衬衫款式

女衬衫制板步骤

第二节　服装CAD放码系统操作基础

在所有的服装 CAD 中，放码系统是最早研制成功并得到最广泛应用的子系统，也是最成熟、智能化最高的子系统。从 20 世纪 70 年代研制成功以来，已广泛应用于世界各地的服装企业。放码的基本原则是：以某个样板为中间标准号型，按一定的尺码差异放大缩小，从而推导出一系列的服装号型样板。放码不仅是服装设计和生产中的重要环节，也是一项烦琐重复的工作。传统的手工放码方式存在许多人为的不确定性，因此也比较容易出错。而使用计算机放码，不仅可以将人们从复杂重复的体力劳动中解放出来，而且可以确保样板放码的准确性，从而效率也能成倍提高。

服装 CAD 手动放码是基于先通过大幅面数字化仪，把打板师手工绘制好的标准样板读入计算机内，在计算机上建立原图的 1:1 的数字模型，或者在打板系统中直接打制放码基准样板，计算机可自动生成样板的放码基准点，然后通过键盘或系统自身提供的软键盘建立各基准点的放码规则表，或者分别设定各点的放码量，计算机依此自动生成放码规则表，在此基础上即可进行放码。目前很多服装 CAD 不仅支持手动放码，而且支持全自动放码，如富怡服装 CAD、航天（ARISA）服装 CAD、度卡（DOCAD）服装 CAD、爱科（ECHO）服装 CAD 等。服装 CAD 全自动放码是按照一定的号型档差，建立生成样板所需的各码尺寸表，选择一个打板基准码，然后依据基准码的尺寸生成样板。之后，计算机可根据先前建立的尺寸表自动生成各码的样板，从而完成全自动放码。相对于 CAD 手动放码而言，CAD 全自动放码会更加精确、便捷和智能化，在提高效率的同时也能降低出错的概率。

一、服装 CAD 放码系统介绍

富怡服装 CAD V10.0 在开样的放码功能中采用全新的设计思路，整合了公式法与自由设计，其中最大的特点是联动，包括结构线间联动，纸样与结构线联动调整，转省、合并调整，对称等工具的联动，调整一个部位，其他相关部位都一起修改，剪口、扣眼、钻孔、省、褶等元素也可联动。在开样放码部分保留原有的服装 CAD 功能，可以加省、转省、加褶等，提供丰富的缝份类型、工艺标识，可自定义各种线型，允许用户建立部件库，例如领子、袖口等部位，使用时直接载入。

开样放码功能可以提供多种放码方式，包括自动放码、点放码、方向键放码、规则放码、比例放码、平行放码等。在自动放码中，所有码可同步调整，也可单独调整，包括结构线和纸样也可以进行放码。其中放码部分的扣眼、布纹线、剪口、钻孔等可以直接在结构线上编辑。也提供充绒功能，计算整片或者局部的充绒量，便于羽绒服企业计算用量与成本。同时提供数码输入功能，输入纸样的效率与精度都远远高于传统的数化板。

1. 服装 CAD 放码概念

服装放码在服装生产企业中，统称放码，也称放码、放档、扩号，是服装工业打板中除切割纸样以外的最后一道环节，是以中间规格标准样板（或基本样板）作为基准，兼顾各个规格或号型系列之间的关系，进行科学计算，正确合理分配尺寸，绘制出各规格或号型系列的裁剪用纸样的方法。服装放码技术可以很好地把握各规格或号型系列变化的规律，使款型结构一致，而且有利于提高打板的速度和质量，使生产和质量管理更科学、规范和易于控制，尽量避免出现差错。

2. 服装 CAD 放码原理

样板放码实际是个和差问题，将母板的各个转折点作为坐标点，在各个坐标点上，采用坐标平移的方法，利用有形和无形尺寸号型之间的档差数放大和缩小，母板的坐标点加档差即为大一个号型，母板的坐标点减档差即为小一个号型，依次确定好各个号型的转折点，连点成线即完成放码工作。因为服装放码的实质是相似形平面的面积增减，所以必须建立一个直角坐标系，建立直角坐标系的关键是坐标原点和基准线的选取。坐标轴的选择依据以下原则：一是取直线或曲率小的弧线；二是尽量选取使轮廓点平移档差趋整的原点，简化档差计算，提高效率；三是坐标轴应有利于大曲率轮廓弧线拉开适当距离，尽量避免各档轮廓弧线靠得太近，取直线或曲率小的弧线。目前，除了自动放码以外最常用到的放码方式是点放码和线放码。

服装放码中的注意事项如下。

（1）中间码：服装结构设计产生的基础板，该板的尺寸不可变。

（2）档差：指相邻各码的差值，档差是由人体的生长规律决定的。

（3）放码原则：确定基准线；把握其他线条推放的平行关系。

（4）检查：相同纸样、相同部位的档差是否相同；相邻纸样、相同部位的档差是否相同。

二、服装 CAD 放码功能介绍

富怡服装CAD系统的打板与放码模块是集合组成在一个板面里的。在完成纸样设计后，可以直接通过点放码或者线放码表进行放码，或利用放码工具栏中的命令按钮执行特定的放码操作。本部分对富怡服装CAD系统的放码工具进行介绍。图2-38为富怡服装CAD放码工具栏。

1. 【选择】工具

【选择】工具主要的功能是：选中纸样、选中纸样上边线点、选中辅助线上的点和修改点的属性。点击【选择】工具之后，左键点击放码点时右边会出现属性窗口，可以通过选择点的类型来修改点的属性，最后点击采用，完成修改，如图2-39所示。

一般情况下，选中单点放码只需要左键单击或是左键框选，如需选中多个点放码则需要按住Ctrl键进行操作，取消选中点时需要按Esc键或用该工具在空白处单击。例如在实际操作中需要选中纸样，那么用该工具在纸样上单击即可，如果要同时选中多个纸样，只要框选不同纸样中任意一个放码点即可。

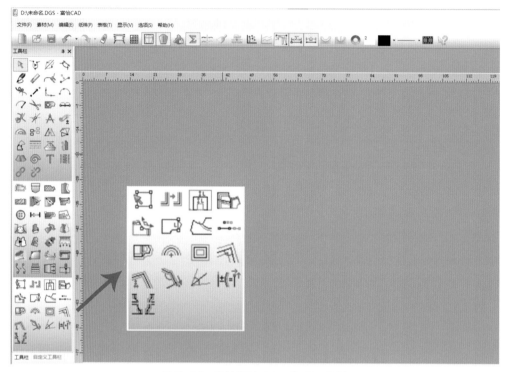

图 2-38　富怡服装 CAD 放码工具栏

其中还有一个特别功能，是能够同时移动多个纸样。使用 【选择】工具框选所需要的纸样，并按下空格键即可移动多个或是全部纸样进行批量操作，如图 2-40 所示。值得注意的是，使用 【选择】工具在点上单击右键，那么该点会在放码点与非放码点间切换，如果只在转折点与曲线点之间切换，可使用 Shift 键加右键。

图 2-39　点放码表

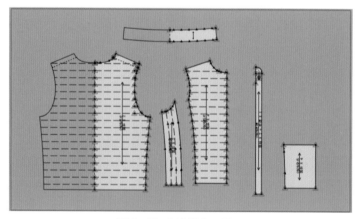

图 2-40　【选择】工具

2. ⌐⌐【拷贝放码量】工具

⌐⌐【拷贝放码量】工具的主要功能是：拷贝放码点、剪口点、交叉点的放码量到其他的放码点上。点击⌐⌐【拷贝放码量】工具之后，在右边会出现工具属性栏，可以选择拷贝放码点不同方向的放码量，如图2-41所示。

一般情况下使用较多的是单个放码点的拷贝和多个放码点的拷贝。单个放码点的拷贝是使用⌐⌐【拷贝放码量】工具，在有放码量的放码点上单击，再单击未放码的放码点，放码量会自动进行拷贝，操作过程如图2-42和图2-43所示。

图2-41 【拷贝放码量】工具属性栏

多个放码点的拷贝是使用⌐⌐【拷贝放码量】工具，在有放码量的纸样上进行框选或拖选，再对未放码的纸样上进行框选或拖选，放码量会自动进行拷贝，操作过程如图2-44和图2-45所示。特别需要注意的是在使用左键框选后，要按右键结束才能进行下一步操作。

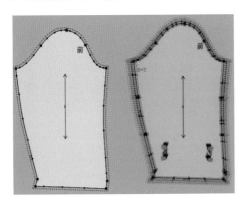

图2-42 拷贝放码量步骤一

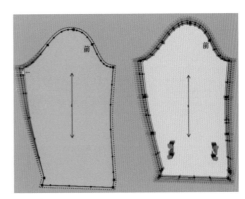

图2-43 拷贝放码量步骤二

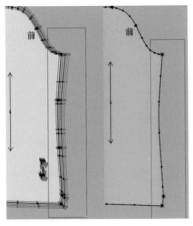

图2-44 多点拷贝放码步骤一

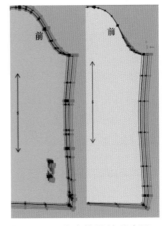

图2-45 多点拷贝放码步骤二

另外，还能把相同的放码量，连续拷贝至多个放码点上。点击工具属性栏中的"粘贴多次"（图 2-46），用【拷贝放码量】工具在有放码量的纸样上进行点击或框选或拖选，再对未放码的纸样进行点击或框选或拖选，放码量会自动进行多次粘贴，操作过程如图 2-47 和图 2-48 所示。如果不选择"粘贴多次"默认只粘贴一次。

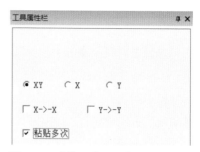

图 2-46 【拷贝放码量】工具属性栏

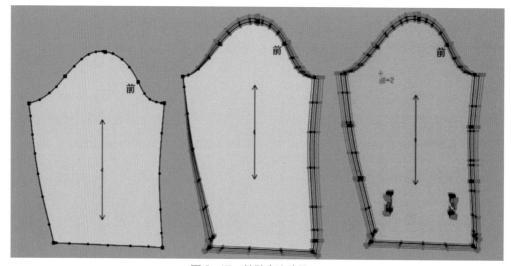

图 2-47 粘贴多次步骤一

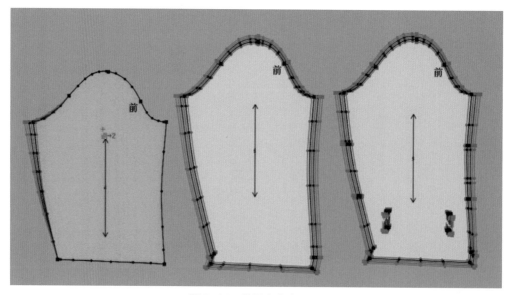

图 2-48 粘贴多次步骤二

3. 🔲【平行放码】工具

🔲【平行放码】工具的主要功能是：对纸样边线、纸样辅助线平行放码，其中最常用于文胸纸样的放码。点击🔲【平行放码】工具后，左键单击或框选所需要平行放码的线段，会自动弹出平行放码对话框，输入所需各线各码平行线间的距离，最后点击确定完成操作，操作过程如图 2-49 和图 2-50 所示。

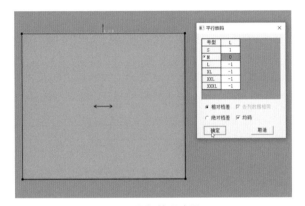

图 2-49　平行放码步骤一　　　　　　　　图 2-50　平行放码步骤二

4. 📑【辅助线平行放码】工具

📑【辅助线平行放码】工具的主要功能是：针对纸样辅助线（内部线）进行放码，使得辅助线与边线放码同步。使用📑【辅助线平行放码】工具后，内部线各码间会平行且与边线相交。通常情况下，先使用左键单击或框选纸样上的辅助线，再使用左键单击纸样上的边线，辅助线会随着边线自动放码，操作过程如图 2-51～图 2-54所示。

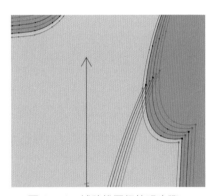

图 2-51　辅助线平行放码步骤一

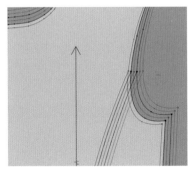

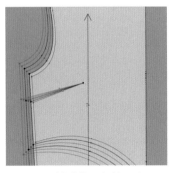

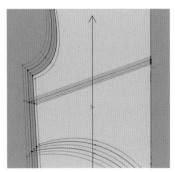

图 2-52　辅助线平行放码步骤二　　图 2-53　辅助线平行放码步骤三　　图 2-54　辅助线平行放码步骤四

5. 【平行交点】工具

【平行交点】工具的主要功能是：用于纸样边线的交点平行放码。使用 【平行交点】工具后与其相交的两边分别平行，主要针对两条线平行放码，经常被用于西服领口的放码。点击 【平行交点】工具后直接点击需要平行放码的交点，即可自动平行，操作过程如图 2-55 和图 2-56 所示。

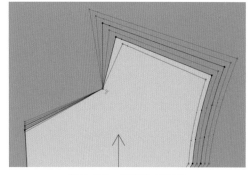 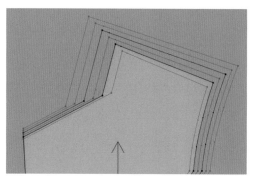

图 2-55　平行交点步骤一　　　　　　　　　图 2-56　平行交点步骤二

6. 【肩斜线放码】工具

【肩斜线放码】工具的主要功能是：使各码不平行肩斜线平行，能按照肩宽实际值实现放码。通常情况下，使用 【肩斜线放码】工具分别单击中线的两点，按照由下往上的顺序单击，再单击肩点，会出现绿色的参考点与参考线，同时弹出【肩斜线放码】对话框，输入合适的数值，并选择需要的选项，最后点击确定，完成操作，操作过程如图 2-57～图 2-59 所示。

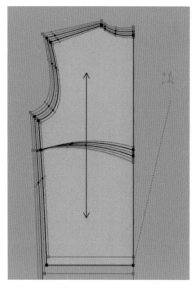 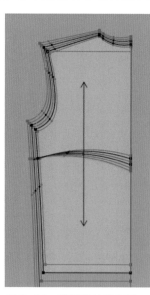 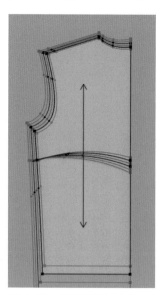

图 2-57　肩斜线放码步骤一　　　　图 2-58　肩斜线放码步骤二　　　图 2-59　肩斜线放码步骤三

7. 【辅助线放码】工具

　　【辅助线放码】工具的主要功能是：相交在纸样边线上的辅助线端点按照到边线指定点的长度来放码。其同样是针对辅助线使用的工具，特点是可以自动调节距离，保持固定的长度。一般情况下，使用【辅助线放码】工具在辅助线端点处单击，在右边会出现工具属性栏，在其中输入合适的数据，选择所需要的选项，点击应用，完成操作，操作过程如图2-60~图2-63所示。

图2-60　【肩斜线放码】对话框

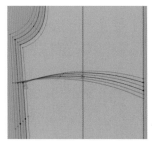 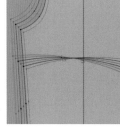  

图2-61　辅助线放码步骤一　　图2-62　辅助线放码步骤二　　图2-63　【辅助线放码】工具属性栏

8. 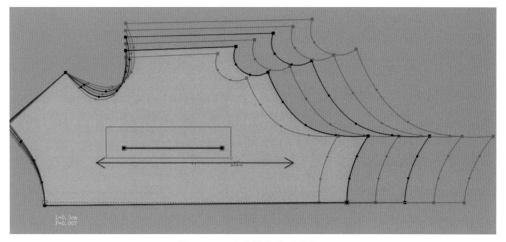【点随线段放码】工具

　　【点随线段放码】工具的主要功能是：根据两点的放码比例对指定点放码。可以用于点随线段放码。点击【点随线段放码】工具后，首先分别单击已放码纸样上的点，再框选需要放码的点，即可自动根据所需比例进行自动放码，操作过程如图2-64和图2-65所示。

图2-64　点随线段放码步骤一

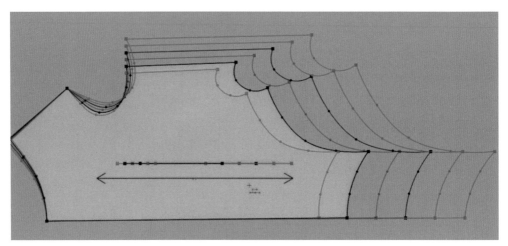

图 2-65　点随线段放码步骤二

9. 【设置 / 取消辅助线自动放码】工具

【设置 / 取消辅助线自动放码】工具的主要功能是：第一，辅助线随边线放码；第二，辅助线不随边线放码。

如需辅助线随边线放码，可以使用 Shift 键把光标切换成，用该工具框选或单击辅助线的中部，辅助线的两端都会随边线放码，如果框选或单击辅助线的一端，只有选中的一端会随边线放码。如辅助线不随边线放码，可以使用 Shift 键把光标切换成，用该工具框选或单击辅助线的中部，再对边线点放码或修改放码量后，辅助线的两端都不会随边线放码，如果框选或单击辅助线的一端，再对边线点放码或修改放码量后，只有选中的一端不会随边线放码。如图 2-66 ~ 图 2-68 所示是辅助线不随边线放码的操作过程。

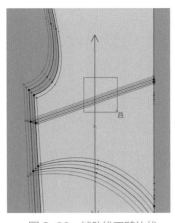

图 2-66　辅助线不随边线
放码步骤一

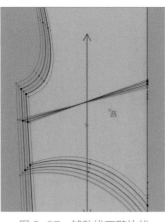

图 2-67　辅助线不随边线
放码步骤二

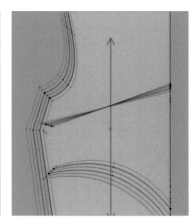

图 2-68　辅助线不随边线
放码步骤三

10. 【圆弧放码】工具

【圆弧放码】工具的主要功能是：对圆弧的角度、半径、弧长进行放码。使用【圆弧放码】工具单击圆弧后，会弹出"圆弧放码"对话框，输入所需要的数据后，点击应用，完成操作，操作过程如图2-69和图2-70所示。其中必须要注意的是，只有使用工具栏中【三点弧线】和【CSE圆弧】工具画的弧线才能使用【圆弧放码】工具进行放码。

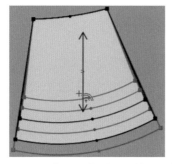

图2-69 对裙子纸样的圆弧放码示意　　　　　　图2-70 【圆弧放码】工具属性

11. 【比例放码】工具

【比例放码】工具的主要功能是：输入整个纸样在水平和垂直方向的档差，即可实现对纸样边线、内部线等的自动放码，该工具常用于床上用品的放码。通常情况下，点击【比例放码】工具，选中需要放码的纸样，左键选中、右键确认后，会弹出【比例放码】对话框，在号型编辑中设置好号型，如果各码的档差不同，在对话框内分别输入各码档差的尺寸，选中所需的选项后，点击确定，完成操作，纸样即可按照输入档差放码；如果各码档差相同，在紧邻基码的号型中输入档差，选中所需的选项后，点击均码和确定完成操作，纸样即可按照输入档差放码，操作过程如图2-71、图2-72所示。【比例放码】工具可以不放边线，如图2-73所示，如果只需要处理辅助线、圆、字符串、扣位、扣眼、钻孔，勾选"边线放码"可使边线按照指定档差进行放码。

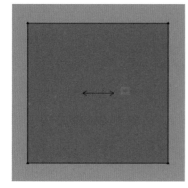
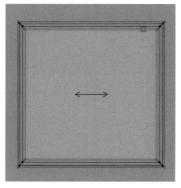

图2-71 比例放码步骤一　　　　图2-72 比例放码步骤二　　　图2-73 【比例放码】工具属性

12. 【等角度放码】工具

【等角度放码】工具的主要功能是：调整角的放码量使各码的角度相等。可用于调整后浪及领角。使用【等角度放码】工具单击需要调整的角（点）即可完成操作。操作过程如图2-74和图2-75所示。

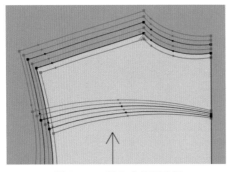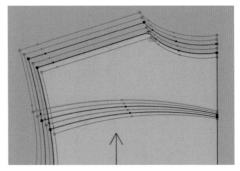

图 2-74　等角度放码步骤一　　　　　　图 2-75　等角度放码步骤二

13. 【等角度】工具

【等角度】工具的主要功能是：调整角一边的放码点使各码角度相等。操作过程如图2-76和图2-77所示。

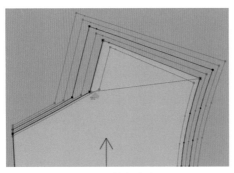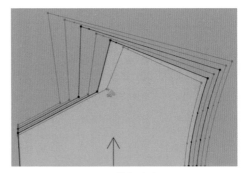

图 2-76　等角度步骤一　　　　　　图 2-77　等角度步骤二

14. 【等角度边线延长】工具

【等角度边线延长】工具的主要功能是：延长角度一边的线长，使各码角度相同。

15. 【旋转角度放码】工具

【旋转角度放码】工具的主要功能是：可用于肩等部位同时放角度与长度，也可以对侧袋等同时进行距离与长度的放码。

（1）点击需要放码的点，点击旋转中心点。

（2）输入角度及长度档差，也可单独输入其中一个角度或长度。

距离与长度的操作：

（1）点击需要放码的点，点击旋转中心点；

（2）输入距离及长度，也可单独输入距离或长度。

16. ⊣⊩【对应线长】工具

⊣⊩【对应线长】工具的主要功能是：用多个放好码的线段之和（或差）来对单个点进行放码。

17. ⅃Ϟ【合并曲线放码】工具

⅃Ϟ【合并曲线放码】工具的主要功能是：用于纸样分割完后，通过曲线顺滑分割位置放码点。首先把分割后的纸样上同一条线段中的上一个点以及下一个点进行放码，并按顺序点击需要合并的线段，以数字0和数字2为参考合并线段数值，使数字1两端顺滑分割位置（两个数字相同为合并位置），如果还有其他需要合并的可以继续单击。最后按顺序选中后，点击右键结束，完成操作，操作过程如图2-78~图2-81所示。

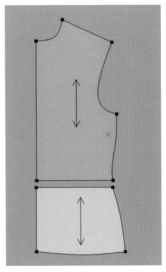

图2-78 合并曲线放码步骤一

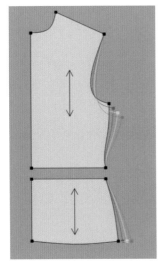

图2-79 合并曲线放码步骤二

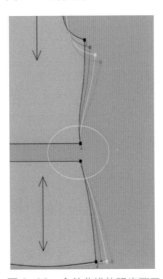

图2-80 合并曲线放码步骤三

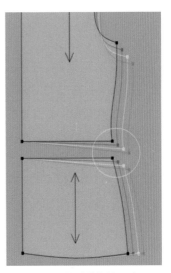

图2-81 合并曲线放码步骤四

三、女衬衫CAD放码

通过上一部分的学习，已经对富怡服装CAD V10.0的放码模块有了初步的了解与基础学习。为了更好地使用其中的工具，本部分将以女衬衫为例进行放码操作流程的演示，读者可以跟随以下的步骤进行自主操作与练习，以便加深对服装放码原理的理解，详细步骤见二维码。

女衬衫 CAD
放码步骤

第三节　服装CAD排料系统操作基础

在服装 CAD 中排料又称排唛架，一般采用人机交互排料和计算机自动排料两种方法。排料对任何一家服装企业来说都是非常重要的，会直接影响生产成本，进而也会对盈利的高低产生影响。一般在排料完成后，才能开始裁剪、加工服装。在排料过程中需要权衡用于排料的时间与可以接受的排料率之间的关系。服装 CAD 的优点在于能够对面料的用料进行随时监控，能够随时随地观看到所有排料衣片的相关信息。如此服装制板师不必再用传统方式在纸上进行样板的描绘，可以节省大量的时间以及精力。许多 CAD 都提供自动排料功能，这使得服装设计师可以很快估算出一件服装的面料用量。由于面料用量是服装加工初期成本的一部分，因此在对服装外观影响最小的前提下，制板师经常会对服装样板进行适当的修改和调整以降低面料用量。裙子就是一个很好的例子。如三片裙在排料方面就比两片裙更加紧凑，从而可以提高面料的使用率。

无论服装企业是否拥有自动裁床，排料过程都包含许多技术和经验。可以尝试多次自动排料，但机器的排料仍然会存在误差。计算机系统成功的关键在于它可以使用户试验样片各种不同的排列方式，并记录下各阶段的排料结果，再通过多次尝试能够得出可以接受的材料利用率。由于这一过程通常在一台终端上就可以完成，与纯手工相比，它占用的工作空间很小，效率高。

在本节主要以富怡服装 CAD V10.0 的排料系统为主，首先通过介绍排料的基本概念以及规则，为排料系统操作提供理论基础；其次较为全面地介绍了排料系统的主要界面，了解主要的操作工具，进而提升排料时的操作效率；之后对排料系统的功能与实操进行简单的介绍，使读者能够对排料中的快捷操作有一定的了解；最后以女士衬衫为操作对象进行详尽的步骤展示。本节提供了较为全面的理论知识与案例操作，读者可将所学的理论应用在实践操作中。

一、服装 CAD 排料系统

排料是服装设计和技术人员必须具备的技能，因为科学地选择和运用材料已成为现代服装设计与生产的首要条件，尤其是对于从事产品设计或生产管理的人员来说，只有掌握科学的排料知识，了解面料的塑性特点，理解服装的生产工艺，了解服装的质量检测标准，才能够根据服装的设计及生产要求做出准确的、合理的、科学的管理决策。

（一）服装 CAD 排料概念

在进行面料的裁剪过程中，对面料如何使用、用料多少进行有计划的工艺操作，称为排料。服装排料具体操作就是将服装打板后形成的服装样板在固定大小的面料幅宽中以最节省面料的原则进行合理科学的排列，以求将面料的利用率达到最高，能够以最经济的方式节省面料、降低成本。但在合理排列的同时要注意纸样的工艺需求，尤其是纸样的正反面、倒顺向等。排料是进行铺料和裁剪的前提。通过排料，可知道用料的准确长度和样板的精确摆放次序，使铺料和裁剪有所依据。所以，排料工作对面料的用量、裁剪的难易、服装的质量都有直接的影响，是一项技术性很强的工艺操作。

随着科技的发展，利用计算机进行服装排料的方式越来越受到大众认可。计算机排料的方式有两种：一是交互排料；二是自动排料。在交互排料的操作模式下，纸样调入排料系统并进行排校设定后，即可进行排料。排料时，只需用鼠标将纸样从待排区施放到排料区，放到合适的位置即可。排料过程中，可对纸样进行移动、旋转等调整。交互式排料完全模拟了手工排料过程，充分发挥了排板师的智慧和经验。同时，由于是在屏幕上排版，纸样的位置可随意调整却不留痕迹，非常方便灵活。屏幕上一直显示的用布率为排版方案优劣的比较提供了准确的依据，可随时选择需要显示的排料区，避免了排版师在几十米长的裁台前面往来奔波，从而大大缩短了排版时间，提高了工作效率。

在自动排料的操作模式下，排版师完成待排纸样的编辑，并进行了排版设定后，不需要再进行干预。在程序的控制下，计算机自动从代排区调取纸样，逐一在排料区进行优化排放，直到纸样全部排放完毕。通常情况下不同的优化方案，可得到不同的排料结果。由于纸样数量众多，且形状复杂多变，排版的可选方案非常庞大。再加上相比于交互排料，自动排料无法进行纸样的合理重叠与适度偏斜等人工干预。因此，自动排料通常只用于布料估算或用料参考，实际操作过程中主要采用交互排料。也正是由于这个原因，研发超级排料系统或者智能排料系统已成为所有服装 CAD 软件近年来完善与升级的重点。

（二）服装 CAD 排料规则

服装 CAD 排料的过程中存在一些必须遵守的规则，如正反一致、方向一致、大小主次、形状相对、毛绒面料倒顺毛以及色差就近等多项排料规则。由于排料系统的准确性使得在操作过程中必须遵守这些规则，才能保证在排料过程中不会产生错误与误差。

1. 正反一致规则

通常打板后的样衣衣片是标注出正反面的，因此在排料时要使面料正反面保持一致，衣片要有对称性，避免出现"一顺"现象，否则会需要返工，耽误进程。

2. 方向一致规则

面料有经纬纱向之分，在制作服装时，面料经向、纬向、斜向都有各自独特的性能，关系到服装的结构以及表面的造型，排料不能随意放置。一般样板上所标出的经纬方向与面料的经纬方向一致。用直纱的衣片，使样板长度方向与面料的经纱相平行；使用纬纱的衣片，使样板长度方向与面料的纬纱相平行；而使用斜纱的衣片，则根据要求将样板倾斜一定角度。为了节约用料，在某些允许情况下，原样板经纬向也可略有偏斜。如中低档产品或无花纹的素色面料，为降低成本，在不影响使用质量的情况下，经纬向允许略有偏斜，偏斜程度另有规定。

3. 大小主次规则

服装的样板由于衣身原因，大小一般相差比较悬殊，一般按"先大后小，先主后次"的规则排料，即从材料的一端开始，先排大片，后排小片，先排主片，后排次片，零星部件见缝插针，极大限度节省面料。

4. 形状相对规则

排料时，由于样板的边线各不相同，因此在满足上述规则的前提下，排料时最好将样板的直边对直边、斜边对斜边、凸起的地方与凹陷的地方相契合，这样样板相互间才能靠紧套排，减少缝隙。同时有的样板有缺口，但缺口太小放不下其他部件，造成面料的浪费。这时可以将两张样板中有缺口的地方合并到一起，增加样板之间的空隙来摆放小的样板。

5. 毛绒面料倒顺毛原则

当产品使用毛绒面料时，要注意这时样板的摆放方向要一致，不能将首尾相换，由于毛绒面料存在绒毛的倒顺方向问题，不同方向的毛绒色泽和手感都各不相同，毛绒面料倒毛时毛发的光泽较暗，使得面料看起来较为陈旧；反过来顺毛时毛发光亮油滑，服装看起来则显得崭新。因此，样板应按照倒毛的方向摆放。除此以外值得一提的是，当使用风景人物图案时也要注意样板的摆放方向一致，避免图案倒置。

6. 色差就近原则

面料中会由于技术原因存在一定色差，同一张面料不同部位的颜色可能有较为明显的色差。为了避免这一问题，同一件服装的样板尽量就近排在一起，减少色差所带来的服装问题。

二、服装 CAD 排料功能

软件辅助排料是将原人工伏案排料画样的繁重体力支出及脑力劳动转化为操作计算机的智能化工作。排料系统所提供的诸多工具不仅大大提高了排料工序的工作效率，减轻了操作者的劳动强度，而且可随时计算并显示出面料利用率等人工排料所无法方便得到的数据。富怡服装 CAD V10.0 的排料系统功能众多，有着众多的排版方式以及功能帮助，可以根据所需任意进行挑选。并且系统在键盘操作上强调了快捷键的应用，能够极大地提升排料的工作效率。

排料系统是专业的排唛架专用软件，拥有非常简洁的界面与便捷的系统操作，排料工具的多种多样也为用户提供了更好的使用体验。该系统主要具有以下特点：①云超排、全自动、手动、人机交互，多种自动进行的排料方式可按需求选用；②键盘操作，搭配快捷键更为方便，排料快速且准确；③自动计算用料长度、利用率、纸样总数、放置数；④提供自动、手动分床；⑤对不同布料的唛架自动分床；⑥对不同布号的唛架自动或手动分床；⑦提供对格对条功能；⑧可与裁床、绘图仪、切割机、打印机等输出设备接驳，进行小唛架图的打印及1:1唛架图的裁剪、绘图和切割。

排料系统的工作界面包括菜单栏、主工具匣、纸样窗、尺码列表框、唛架工具匣、唛架区、状态栏等，如图2-82所示。

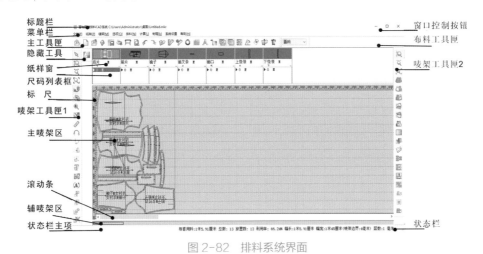

图 2-82　排料系统界面

（一）菜单及工具匣

菜单栏由标题下的九组菜单组成，如图2-83所示。以下对常用的命令进行介绍，方便读者使用。

文档[F]　纸样[P]　唛架[M]　选项[O]　排料[N]　计算[L]　制帽[k]　系统设置　帮助[H]

图 2-83　菜单栏

菜单栏中主要包括文档、纸样、唛架、选项、排料、计算、制帽以及基础的系统设置和帮助。当左键单击每一个选项时就会出现下拉菜单，其快捷方式是同时按下Alt键与括号内的字母键，会弹出子菜单。熟记快捷键会大大提高排料时的工作效率。排料系统里的工具匣主要分为主工具匣以及隐藏、布料、超排与唛架工具匣。

1.主工具匣

主工具匣位于菜单栏的下方，如图2-84所示。主工具匣中主要有打开款式文件、新建、打开、保存、打印等基础工具，排料系统特有的工具还包括存本床唛架、参数设定、定义唛架、参考唛架、纸样资料等具有特殊性的快捷工具,能够极大程度地减轻排料中的操作难度,以下对部分工具进行详细描述。

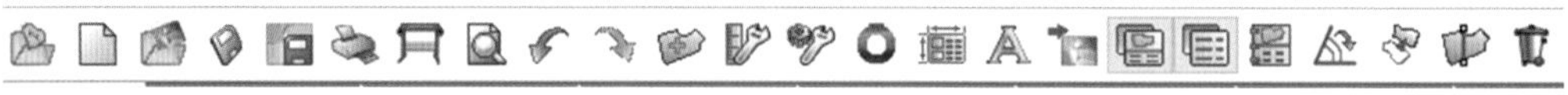

图 2-84　主工具匣

（1）　【存本床唛架】。在排唛时,分别将面料排在几个唛架上,这时可以运用【存本床唛架】工具,对新唛架进行存储。

（2）　【绘图】。该工具可绘制 1:1 唛架,但是只有直接与计算机串行口或并行口相连的绘图机或在网络上选择带有绘图机的计算机才能绘制文件。

（3）　【打印预览】。该工具可展现出需要打印的内容与展现在纸张上的效果。

（4）　【增加样片】。该工具可以将选中纸样增加或减少纸样的数量,可以只增加或减少一个码纸样的数量,也可以增加或减少所有码纸样的数量。

（5）　【单位选择】。该工具可以用来设定唛架的单位。

（6）　【参数设定】。该工具包括系统中的一些命令默认设置,它由【排料参数】、【纸样参数】、【显示参数】、【绘图打印】及【档案目录】五个选项卡组成。

（7）　【颜色设定】。该工具可以为本系统的界面、纸样的各尺码和不同的套数等分别指定颜色,方便进行区分。

（8）　【定义唛架】。该工具可设置唛架的宽度、长、层数、面料模式及布边。

（9）　【字体设定】。该工具可为唛架显示:字体、打印、绘图等分别指定字体。

（10）　【参考唛架】。该工具打开一个已经排列好的唛架作为参考,方便初学者进行学习。

（11）　【尺码列表框】。该工具主要用于打开或关闭尺码表。

（12）　【纸样资料】。可用该工具对唛架上选中的纸样进行水平翻转。

（13）　【旋转纸样】。该工具可对所选纸样进行任意角度旋转,还可复制其旋转纸样,生成一个新纸样,添加到纸样窗内。

（14）　【翻转纸样】。该工具用于将所选中纸样进行翻转。若所选纸样尚未排放到唛架上,则可对该纸样进行直接翻转,可以不复制该纸样;若所选纸样已排放到唛架上,则只能对其进行翻转复制,生成相应新纸样,并将其添加到纸样窗内。

（15）　【分割纸样】。该工具用于对所选纸样按需要进行水平或垂直分割。在排料时,为了节约布料,在不影响款式式样的情况下,可将纸样剪开,分开排放在唛架上,最大限度地节省面料。

2. 隐藏工具匣

隐藏工具匣又称自定义工具栏,可以根据自己的习惯操作将一些快捷方式放入此栏中。从左至右依次是向上、向下、向左、向右的滑动快捷键;快速清除选中;四项取整;开关标尺;合并；关开本系统；上下文帮助；缩小显示；辅唛架缩小显示；逆时针 90°旋转；180°旋转；边点旋转以及中点旋转，如图 2-85 所示。

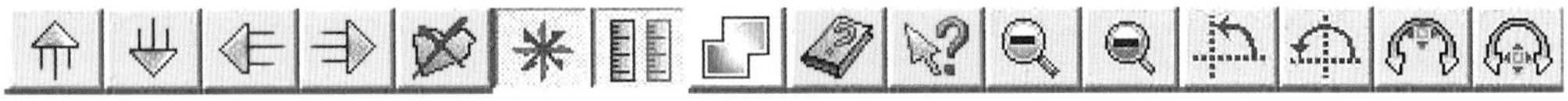

图 2-85 隐藏工具匣

3. 布料工具匣

布料工具匣的一般位置是在主工具匣的右边，主要用于显示排料过程中不同布料所对应的纸样。在点击选择框的右边三角时会出现下拉菜单，包括衬衫、里料以及面料等多个选项，方便在不同面料之间进行切换，如图 2-86 所示。

图 2-86 布料工具匣

4. 超排工具匣

超排工具匣在主工具匣的下方，主要功能是将载入的纸样进行迅速的超级排料，系统会全自动地进行排料，能够最大限度地节省时间以及提高利用率。超排工具匣中的具体工具从左到右依次是嵌入纸样、改善唛架纸样间距、重定义唛架宽度、抖动唛架、捆绑纸样、解除捆绑、固定纸样以及不固定纸样 8 款超排工具，如图 2-87 所示。

图 2-87 超排工具匣

5. 唛架工具匣 1

唛架工具匣 1 位于整个操作界面的左侧，呈竖条状自上而下排列，主要功能是对主唛架上的纸样进行移动、缩放旋转以及添加文字等。如图 2-88 所示，从左至右分别是样片选择、唛架宽度显示、全部纸样、整张唛架、旋转限定、翻转限定、放大显示、清除唛架、尺寸测量、依角旋转、顺时针 90°、水平翻转、垂直翻转、纸样文字、唛架文字、成组、拆组。

图 2-88 唛架工具匣 1

（1）【样片选择】。该工具可选取及移动衣片。

（2）【唛架宽度显示】。单击该图标，按唛架宽度进行显示，方便了解数据。

（3）【全部纸样】。该工具可以显示出全部纸样。

（4）【整张唛架】。该工具可以显示出整张唛架。

（5）【旋转限定】。该工具是限制工具匣中、依角旋转工具、90°旋转工具等旋转工具使用的开关命令，该命令呈现深色状则表示已进行限制。

（6）🖐【翻转限定】。该工具用于控制系统是否读取【纸样资料】对话框中的有关是否【允许翻转】的设定，从而限制工具匣中垂直翻转、水平翻转和上下或左右翻转工具的使用。该命令呈现深色状则表示已进行限制。

（7）🔍【放大显示】。该工具可对指定区域进行放大。

（8）✖【清除唛架】。该工具可将唛架上所有纸样从唛架上清除，并将它们返回到纸样列表框。

（9）📏【尺寸测量】。该工具可测量唛架上任意两点间的距离。

（10）🎧【依角旋转】。在旋转限定工具凸起时，使用该工具对选中样片设置旋转的度数和方向。

（11）🔄【顺时针 90°旋转】。该工具用于对唛架上选中纸样进行 90°旋转。

（12）🔁【水平翻转】。该工具用于对唛架上选中纸样进行水平翻转。

（13）🔃【垂直翻转】。该工具用于对纸样进行垂直翻转。

（14）🅣【样片文字】。该工具用来为唛架上的样片添加文字。

（15）Ⓜ【唛架文字】。该工具用于在唛架的未放纸样处打字。

（16）🗂【成组】。该工具可将两个或两个以上的样片组成单个的整体样片。

（17）🗂【拆组】。该工具是与【成组】工具对应的工具，起到拆组作用。

6. 唛架工具匣 2

唛架工具匣 2 与唛架工具匣 1 相对，位于整个操作界面的右侧，也呈竖条状自上而下排列，主要针对辅唛架上的纸样进行展开、折叠、缩放、旋转等功能。具体工具内容如图 2-89 所示，分别为显示辅唛架宽度、显示辅唛架所有纸样、显示整个辅唛架、展开折叠纸样、纸样右折、纸样左折、纸样下折、纸样上折、裁剪次序设定、画矩形、重叠检查、设定层、制帽排料、主辅唛架等比例显示纸样、放置纸样到辅唛架、清除辅唛架纸样、切割唛架纸样、裁床对格设置。

图 2-89　唛架工具匣 2

（1）🔍【显示辅唛架宽度】。单击该工具，显示辅唛架宽度。

（2）🔍【显示辅唛架所有纸样】。单击该工具，显示辅助唛架上所有纸样。

（3）🔍【显示整个辅唛架】。单击该工具，显示整个辅唛架。

（4）【展开折叠纸样】。该工具用于将折叠的纸样展开。

（5）分别为【纸样右折】【纸样左折】【纸样下折】【纸样上折】。当对圆桶唛架进行排料时，可将上下对称的纸样向上折叠、向下折叠，将左右对称的纸样向左折叠、向右折叠。

（6）【展开折叠纸样】。该工具用于将折叠的纸样展开。

（7）【裁剪次序设定】。该工具用于设定自动裁床裁剪衣片时的顺序。

（8）【画矩形】。该工具用于画出矩形参考线，并可随排料图一起打印或绘图。

（9）【重叠检查】。该工具用于检查重叠纸样的重叠量。

（10）【设定层】。排料时如纸样部分重叠，可对重叠部分进行取舍设置。

（11）【制帽排料】。该工具用于确定样片的排列方式，如正常、交错、倒插等。

（12）【主辅唛架等比例显示纸样】。该工具用于将主辅唛架上的样片等比例显示出来。

（13）【放置纸样到辅唛架】。该工具用于将纸样框中的纸样放置到辅唛架。

（14）【清除辅唛架纸样】。单击该工具可将辅唛架上的纸样清除，并放回纸样窗内。

（15）【切割唛架纸样】。单击该工具可将唛架上纸样的重叠部分进行切割。

（16）【裁床对格设置】。该工具用于裁床上对格设置。

（二）纸样窗

纸样窗位于主工具匣的下方，放置着打开的排料文件的所有纸样。纸样框的大小改变有两种方式。

其一是可以拉动边界来进行拓宽与缩小，只要选择其中一格进行拖拽缩放，其他的纸样也会同比例地进行缩放，如此一来就方便了操作，具体操作如图 2-90 所示。

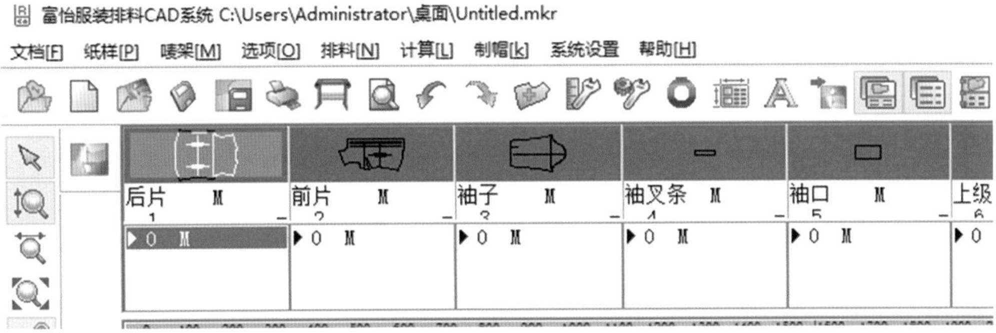

图 2-90　纸样窗

其二则是可以在纸样框上右击后，在弹出的对话框内通过调整纸样排列的方式来改变纸样，如图 2-91 所示。

图 2-91　【排列纸样】对话框

（三）唛架区

在工业生产服装时，在批量裁剪衣服前，要先把纸样（纸板）画（排料）在和所裁剪面料等宽的裁床专用纸上，这就叫唛架。而在排料系统中的唛架区内容旨在辅助这一过程的制作，通过各类功能提高准确性，如图 2-92 所示。

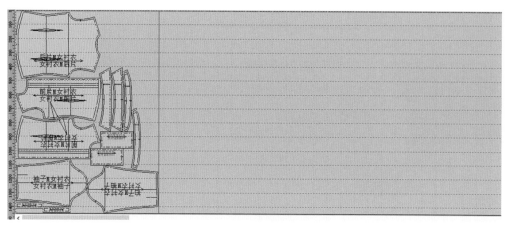

图 2-92　唛架区

1. 主唛架区

主唛架区主要的区域位于尺码列表框的下方，占据了大部分的画面区域，是排料的主要工作区域，在画面中可以进行多种方式的排料设计。

2. 辅唛架区

辅唛架区在主唛架区的下方，唛架区的宽度可以进行调整。在排料时，可将需要手动排料的纸样放置在辅唛架区，按照需求调入主唛架区进行排料。

（四）状态栏

状态栏位于整个排料界面的最下方，在状态栏靠右位置会显示出每套用料、总数、放置数、利用率、幅长、幅宽以及层数等排料信息，如图 2-93 所示。状态栏帮助用户在排版过程中更为便捷地了解信息。

13　利用率：66.24%　幅长:1米5.91厘米　幅宽:1米45厘米(唛架边界:4毫米)　层数:1　毫米 ————— 状态栏

图 2-93　状态栏

三、女衬衫 CAD 排料

排料系统中的功能众多，对于初学者来说具体操作起来较为困难。因此，具体通过排版以及对条、对格两种常用功能进行系统功能实操演示，帮助读者对排料系统有初步的认知与了解，详细操作步骤见二维码。

女衬衫 CAD
排料步骤

第三章
服装CLO3D基础

　　服装 CLO3D 的操作基础涵盖了几个核心方面，旨在使用户能够高效地设计和模拟服装。本章首先对 CLO3D 操作基础进行了相关介绍，主要针对工作界面、菜单、2D、3D 窗口工具列举了详细案例，其次对 CLO3D 数据格式进行了简要介绍，并针对文件转换进行了案例分析，最后利用 T 恤纸样完成了 CLO3D 基础操作演练。总体来说，CLO3D 提供了一个全面、直观的平台，让用户可以从概念设计到最终呈现，全方位地进行服装设计和模拟。

第一节　CLO3D操作基础

　　CLO3D 是一款专业的服装设计和模拟软件，广泛应用于服装行业。CLO3D 的基本操作主要围绕着三维服装设计和模拟。用户可以利用 CLO3D 创建精确的服装模型，进行面料特性的设置，以及模拟服装在不同姿势和活动中的外观。软件提供了丰富的工具集，包括裁剪、缝制、面料属性编辑等，使设计师能够在虚拟环境中准确地呈现和调整服装设计。此外，CLO3D 还支持与其他软件的数据交换，便于将设计导入其他平台进行进一步处理或展示。总体来说，CLO3D 是一个功能强大、用户友好的三维服装设计和模拟工具，对提高服装设计效率和质量有着重要的作用。

一、CLO3D 工作界面与菜单

　　CLO3D 的基本工具主要分布于 2D 板片窗口和 3D 工作窗口，两个窗口中的各个子工具栏略有不同。在 2D 板片窗口中主要针对的是 2D 板片的设计、修改及缝纫；在 3D 工作窗口中则是展现服装穿着在虚拟模特身上的效果，能够更为直观地了解 3D 服装的款式、面料以及纹案。

　　CLO3D 是一款先进的 3D 时尚设计和制作软件，其界面设计旨在优化服装设计和制造过程。工作界面分为几个主要部分：3D 视图和 2D 图案视图，允许用户同时在三维空间中查看和调整服装设计，以及在二维平面上编辑图案。主菜单栏位于界面顶部，提供对各种工具和功能的访问，例如材料库、缝线工具和仿真选项。在侧边栏中，用户可以找到图层、尺寸和其他属性的详细控制，以及用于导入和导出设计的选项。此外，CLO3D 还包括动画和模拟功能，使设计师能够实时查看服装在不同姿势和运动中的表现。整体而言，CLO3D 的界面和菜单旨在提供直观、高效的工作流程，适合从初学者到专业设计师的各种用户。

二、2D 板片窗口

　　2D 板片窗口的工具栏默认位于 2D 板片窗口的顶端，用户可以根据自身需求将工具栏拖拽至 2D 板片窗口的其他位置。如图 3-1 和图 3-2 所示，其中包括多个子工具栏，即板片工具栏、折裥工具栏、测量点工具栏、层次工具栏、板片标注工具栏、缝纫工具栏、缝合胶带工具栏、归拔工具栏、明线工具栏、缝纫褶皱工具栏、纹理 / 图形工具栏、放码工具栏、比较板片长度的工具栏、填充工具栏。运用这些工具，可以完成对服装板片的设计、修改、缝纫、褶皱、明线、纹理、标注等操作。

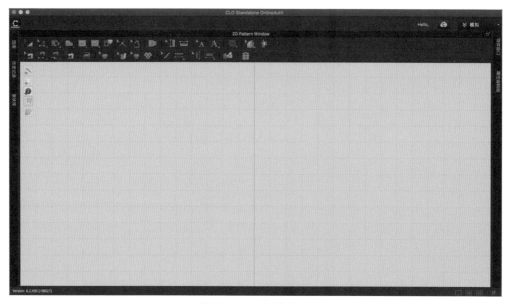

图 3-1　2D 板片窗口

图 3-2　2D 板片窗口工具栏

（一）板片工具

1. ▰【调整板片】工具

▰【调整板片】工具的功能是：对 2D 板片窗口中的纸样进行选择、移动、调整（旋转、比例放缩、复制）等操作。

2. ▰【编辑板片】工具

▰【编辑板片】工具的功能是：移动 2D 板片窗口纸样上或是内部图形中的点，对板片进行修改。长按后显示下拉菜单包括【编辑点 / 线】工具、【编辑曲线点】工具、【编辑圆弧】工具、【生成圆顺曲线】工具、【加点 / 分线】工具，如图 3-3 所示。

3. 【延展板片（点）】工具

【延展板片（点）】工具的功能是：在特定点划分并延展板片，来均匀分布特定范围。长按后显示下拉菜单包括【延展板片（线段）】工具，如图3-4所示。

4. 【多边形】工具

【多边形】工具的功能是：在2D板片窗口中创建多边形板片。长按后显示下拉菜单包括【矩形】工具、【圆形】工具、【螺旋形】工具，如图3-5所示。

5. 【内部多边形/线】工具

【内部多边形/线】工具的功能是：可以在板片内生成多边形和线段。长按后显示下拉菜单包括【内部矩形】工具、【内部圆】工具、【省】工具，如图3-6所示。

6. 【勾勒轮廓】工具

【勾勒轮廓】工具的功能是：使用勾勒轮廓工具将内部线/内部图形/内部区域/指示线转换为板片。

7. 【剪口】工具

【剪口】工具的功能是：按照需要在板片外线上创建剪口，用以提升缝纫的准确性。

8. 【缝份】工具

【缝份】工具的功能是：按照需要在板片上创建缝份。

9. 【比较板片长度】工具

【比较板片长度】工具的功能是：通过临时对齐板片，实时比较不同板片上两段线段的长度。

（二）缝纫与明线工具

1. 【编辑缝纫线】工具

【编辑缝纫线】工具的功能是：选择及移动缝纫线。

图3-3 【编辑板片】工具

图3-4 【延展板片（点）】
工具

图3-5 【多边形】工具

图3-6 【内部多边形/线】
工具

2. 【缝纫线】工具

【缝纫线】工具的功能是：在线段（板片或内部图形 / 内部线上的线）之间建立缝纫线关系。长按后显示下拉菜单包括【M:N 线缝纫】工具，如图 3-7 所示。

3. 【自由缝纫】工具

【自由缝纫】工具的功能是：更自由地在板片外线、内部图形、内部线间创建缝纫线。长按后显示下拉菜单包括【M:N 自由缝纫】工具，如图 3-8 所示。

4. 【检查缝纫线长度】工具

【检查缝纫线长度】工具的功能是：检查缝纫线长度差值。通过检查缝纫线长度差值，可以避免在穿衣过程中的一些错误，并以改进服装。

5. 【编辑明线】工具

【编辑明线】工具的功能是：编辑明线位置或长度。

6. 【线段明线】工具

【线段明线】工具的功能是：按照线段（板片或者内部图形的线段）来生成明线。长按后显示下拉菜单包括【自由明线】工具、【缝纫线明线】工具，如图 3-9 所示。

图 3-7 【缝纫线】工具

图 3-8 【自由缝纫】工具

图 3-9 【线段明线】工具

（三）褶皱工具

1. 【编辑缝纫褶皱】工具

【编辑缝纫褶皱】工具的功能是：编辑缝纫褶皱线段的位置和长度。

2. 【线缝纫褶皱】工具

【线缝纫褶皱】工具的功能是：可以在板片外轮廓、内部线段上生成线段缝纫褶皱。长按后显示下拉菜单包括【自由缝纫褶皱】工具、【缝合线缝纫褶皱】工具，如图 3-10 所示。

图 3-10 【线缝纫褶皱】工具

3. ▦【褶裥】工具

▦【褶裥】工具的功能是：在板片上创建出所需的褶裥形状。长按后显示下拉菜单包括【翻折褶裥】、【缝制褶裥】工具，如图 3-11 所示。

图 3-11 【褶裥】工具

（四）纹理工具

1. ✎【编辑纹理】工具

✎【编辑纹理】工具的功能是：修改板片应用织物的丝缕线方向和位置，修改织物的大小以及旋转织物的方向。

2. ✎【调整贴图】工具

✎【调整贴图】工具的功能是：选择和移动贴图。

3. ▧【贴图】工具

▧【贴图】工具的功能是：给板片的局部区域添加图片，此功能常用于表现印花、刺绣或商标等细节。

（五）其他辅助工具

1. ⬛【归拔】工具

⬛【归拔】工具的功能是：像使用蒸汽熨斗一样收缩或拉伸面料。

2. ◆【粘衬条】工具

◆【粘衬条】工具的功能是：在点击【模拟】工具时，对板片外线添加粘衬条可加固板片，并防止其因重力作用而产生的下垂。

3. ▦【设定层次】工具

▦【设定层次】工具的功能是：在 2D 板片窗口，设定两个板片之间的前后顺序关系可以使 3D 服装的模拟更加稳定，例如风衣、夹克等。

4. ▲A 【编辑注释】工具

▲A 【编辑注释】工具的功能是：可以移动、删除 2D 板片注释。

5. A, 【板片标注】工具

图 3-12 【板片标注】工具

A, 【板片标注】工具的功能是：根据需要在 2D 板片窗口插入标注。长按后显示下拉菜单包括【板片标志】工具，如图 3-12 所示。

6. 🖼 【编辑放码】工具

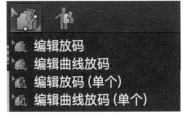

图 3-13 【编辑放码】工具

🖼 【编辑放码】工具的功能是：编辑板片上的放码信息。长按后显示下拉菜单包括【编辑曲线放码】、【编辑放码（单个）】、【编辑曲线放码（单个）】工具，如图 3-13 所示。

7. 🏃 【自动放码】工具

🏃 【自动放码】工具的功能是：根据虚拟模特的尺寸自动为板片放码。该功能只适用于 CLO 内提供的模特。

8. ▌▌ 【编辑测量点】工具

▌▌ 【编辑测量点】工具的功能是：用于移动或删除测量点。

9. ▦ 【测量点】工具

▦ 【测量点】工具的功能是：创建测量点以检查 2D 板片、内部图形、贴图等特定部分的测量值。

三、3D 工作窗口

3D 工作窗口的工具栏默认位于 3D 窗口的顶端，用户可以根据自身需求将工具栏拖拽至 3D 工作窗口的其他位置。如图 3-14 和图 3-15 所示，其中包括多个子工具，即【模拟】工具、【服装品质】工具、【选择】工具、【编辑】工具、【假缝】工具、【安排】工具、【缝纫】工具、【动作】工具、【虚拟模特测量】工具、【纹理/图形】工具、【熨烫】工具、【纽扣】工具、【拉链】工具、【嵌条】工具、【贴边】工具、【3D 笔（服装）】工具、【3D 笔（虚拟模特）】工具、【服装测量】工具。运用这些工具，可以完成对三维服装的缝纫、模拟、纹理、测量等操作。由于 3D 工作窗口与 2D 板片窗口的部分工具功能相同，在此不再重复介绍。以下针对模拟设置及安排工具、缝纫相关工具、辅料工具、测量检查工具、3D 画笔工具五大模块工具做详细介绍。

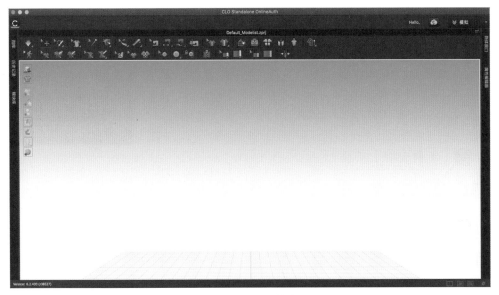

图 3-14　3D 工作窗口

图 3-15　【3D 工作窗口】工具

（一）模拟设置及安排工具

1. ▼【模拟】工具

▼【模拟】工具的功能是：这是一个开关式按钮，分别为激活和未激活状态。长按后显示下拉菜单包括【试穿（面料属性计算）】工具，如图 3-16 所示。

图 3-16　【模拟】工具

2. ＋【选择/移动】工具

＋【选择/移动】工具的功能是：在 3D 工作窗口中选择及移动所需要的板片。

3. ✎【选择网格】工具

✎【选择网格】工具的功能是：可以在 3D 工作窗口中自由选择一个网格区域，并进行拖动。长按后显示下拉菜单，包括【选择网格（笔刷）】工具、【选择网格（箱体）】工具、【选择网格（套索）】工具、【固定针（箱体）】工具、【固定针（套索）】工具，如图 3-17 所示。

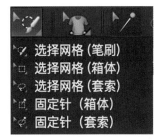

图 3-17　【选择网格】工具

4. 【编辑造型线】工具

【编辑造型线】工具的功能是：保持服装形态不变的情况下移动点和线可以轻松地编辑 3D 服装造型线。长按后显示下拉菜单包括【编辑造型线】工具、【缩放造型线】工具、【移动造型线】工具、【绘制造型线】工具，如图 3-18 所示。

图 3-18 【编辑造型线】工具

5. 【折叠安排】工具

【折叠安排】工具的功能是：为了更好的效果，在激活模拟前折叠缝份，领子及克夫。

6. 【折叠 3D 服装（全部板片）】工具

【折叠 3D 服装（全部板片）】工具的功能是：使 3D 服装易折叠。

7. 【重置 2D 安排位置（全部）】工具

【重置 2D 安排位置（全部）】工具的功能是：展平并按照 2D 板片窗口中的安排在 3D 工作窗口中安排板片。

8. 【重置 3D 安排位置（全部）】工具

【重置 3D 安排位置（全部）】工具的功能是：将全部或选择的板片安排位置重新恢复到点击【模拟】工具前的位置，使用此工具可解决部分点击【模拟】工具后出现问题的情况。

9. 【自动穿着】工具

【自动穿着】工具的功能是：根据虚拟模特的尺寸穿着 3D 服装。该功能只适用于 CLO 的虚拟模特。

10. 【服装品质】工具

【服装品质】工具的功能是：提高服装品质，以强调服装的真实性和更高的品质，另外，可以加快调整速度。长按后显示下拉菜单包括【提高服装品质】工具、【降低服装品质】工具、【自定义服装品质】工具，如图 3-19 所示。

11. 【熨烫】工具

【熨烫】工具的功能是：使用此工具来制作熨烫过的效果，尤其是在两个叠在一起缝纫的板片边缘处。

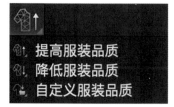

图 3-19 【服装品质】工具

（二）缝纫相关工具

1. ▶️【编辑假缝】工具

▶️【编辑假缝】工具的功能是：调整假缝位置以及假缝针之间线的长度，或者是删除不需要的假缝。

2. 🪡【假缝】工具

🪡【假缝】工具的功能是：可以在已着装的服装上，任意选择区域后，临时掐褶调整合适度。长按后显示下拉菜单，包括【假缝】工具、【固定到虚拟模特上】工具，如图 3-20 所示。

图 3-20 【假缝】工具

3. 🪡【自动缝纫】工具

🪡【自动缝纫】工具的功能是：将根据 Avatar 上安排的信息自动缝纫板片。

（三）辅料工具

1. ⊙【选择 / 移动纽扣】工具

⊙【选择 / 移动纽扣】工具的功能是：按需求移动纽扣。

2. ⊙【纽扣】工具

⊙【纽扣】工具的功能是：创建纽扣并按需要放置。长按后显示下拉菜单，包括【纽扣】工具、【扣眼】工具，如图 3-21 所示。

3. ⊙【系纽扣】工具

⊙【系纽扣】工具的功能是：系上或解开纽扣和扣眼。

4. 📎【拉链】工具

📎【拉链】工具的功能是：方便快捷地生成并表现拉链。

5. 📎【编辑嵌条】工具

📎【编辑嵌条】工具的功能是：编辑嵌条长度、属性、状态。

6. ▣【嵌条】工具

▣【嵌条】工具的功能是：在线缝处创建嵌条。

图 3-21 【纽扣】
工具

7. 【选择贴边】工具

【选择贴边】工具的功能是：编辑贴边属性。

8. 【贴边】工具

【贴边】工具的功能是：简单地沿着板片外线创建贴边。

（四）测量检查工具

1. 【编辑测量（虚拟模特）】工具

【编辑测量（虚拟模特）】工具的功能是：编辑虚拟模特测量。长按后显示下拉菜单，包括【编辑测量（虚拟模特）】工具、【贴覆到虚拟模特测量】工具，如图 3-22 所示。

图 3-22 【编辑测量（虚拟模特）】
工具

2. 【基本长度测量（虚拟模特）】工具

【基本长度测量（虚拟模特）】工具的功能是：测量虚拟模特的周长、长度和高度。并且提供了两种方法，一是基于虚拟模特的突出部分测量，二是基于虚拟模特表面的曲率测量。长按后显示下拉菜单，包括【圆周测量（虚拟模特）】工具、【表面圆周测量（虚拟模特）】工具、【表面长度测量（虚拟模特）】工具、【直线测量（虚拟模特）】工具、【高度测量（虚拟模特）】工具，如图 3-23 所示。

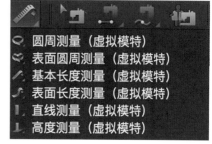

图 3-23 【基本长度测量（虚拟模特）】
工具

3. 【编辑测量（服装）】工具

【编辑测量（服装）】工具的功能是：编辑服装测量。

4. 【直线测量（服装）】工具

【直线测量（服装）】工具的功能是：测量 3D 服装的长度和圆周。长按后显示下拉菜单，包括【直线测量（服装）】工具、【圆周测量（服装）】工具，如图 3-24 所示。

（五）3D 画笔工具

1. 【编辑 3D 画笔（服装）】工具

【编辑 3D 画笔（服装）】工具的功能是：编辑在 3D

图 3-24 【直线测量（服装）】工具

服装上创建的线。

2. ▧【3D 笔（服装）】工具

▧【3D 笔（服装）】工具的功能是：可以在 3D 服装上直接画线。

3. ▧【3D 基础笔】工具

▧【3D 基础笔】工具的功能是：根据屏幕而不是服装表面自由绘制基础线。

4. ▧【编辑画笔（虚拟模特）】工具

▧【编辑画笔（虚拟模特）】工具的功能是：在虚拟模特上编辑线。

5. ▧【3D 笔（虚拟模特）】工具

▧【3D 笔（虚拟模特）】工具的功能是：可以在虚拟模特表面画线并将其变为板片。

第二节　CLO3D数据格式与转换

富怡服装 CAD V10 通过转换可以将其系统中的文件转化为通用的 AAMA/ASTM 格式文件。通用的格式可以导入 CLO3D 中，实现 2D 与 3D 的转换，更为生动地展现出服装的 3D 立体穿着效果以及动态的展示效果。本章第一节介绍了 CLO3D 的工作界面以及基本的工作操作方法，下面介绍将服装 CAD 导出的样板文件导入 CLO3D 的操作过程。

一、导入

CLO3D 的文件菜单与其他软件的内容相似，都是一些较为常规的选项，其中【新建】、【打开】、【保存】、【另存为】与其他常用软件的功能相同。

但是 CLO3D 与其他软件不同的一点是导入的文件类型丰富多样，包含服装、板片、模特、姿势、舞台以及项目等，其中项目文件是指一个完整的虚拟试衣的所有数据，囊括了前面提到的服装、模特、动态与舞台等。

导入服装板片文件的具体操作，需要先点击文件中的【导入】，如图 3-25 所示，而【导入（新增）】指的是在项目中已有内容的前提下新增导入的内容而不对已存在的内容产生影响。

点击【导入】后的子菜单 CLO3D 所能兼容的文件类型丰富多样，对于初学者来说需要掌握的主要导入文件类型为服装纸样文件 DXF（AAMA/ASTM），以及虚拟模特、附件及服装三维数据文件 OBJ。

（a）导入 DXF 文件　　　　　（b）选择文件

图 3-25　文件导入

二、DXF（AAMA/ASTM）文件

通过前面可以得知 DXF（AAMA/ASTM）是专门用于服装纸样数据传输的数据媒介，该类型的文件通常储存有服装纸样的相关数据信息，可以从大多数服装纸样设计 CAD 软件产生、导入及导出。读者可以利用富怡服装 CAD V10 软件进行服装纸样的设计与变化，纸样完成后，按照前面操作将纸样导出为 DXF 格式的文件，然后导入 CLO3D 系统中进行虚拟缝制和试衣操作。在 CLO3D【导入】后的子菜单中选择 DXF（AAMA/ASTM），点击所需要导入的 DXF 的文件后弹出【导入 DXF】菜单，如图 3-26 所示，包含基本与选项两种选项，可以根据需求点选。在点击【确认】后则会在 2D 与 3D 窗口中显示导入的板片。

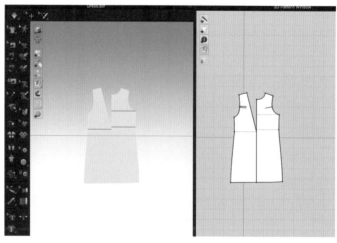

（a）导入 DXF 文件　　　　　（b）显示样片

图 3-26　2D、3D 显示样板

三、OBJ 文件

OBJ 文件是 Alias Wavefront 公司为它的一套基于工作站的 3D 建模和动画软件 "Advanced Visualizer" 开发的一种标准 3D 模型文件格式，很适合用于 3D 软件模型之间的互导。目前几乎所有知名的 3D 软件都支持 OBJ 文件的读写，不过其中很多需要通过插件才能实现。OBJ 文件是 3D 软件的中转文件类型，用户可以利用 3D 软件创建自己的虚拟模特、服饰配件甚至服装，导出 OBJ 格式文件，再导入 CLO3D 软件中进行虚拟试衣。

点击【文件】后选择【导入】，再点击【OBJ】后，系统会弹出【导入 OBJ】的对话窗口，如图 3-27 所示。在【导入 OBJ】的对话窗口中，加载类型和比例选项与导入 DXF 文件所具有的含义相同，【对象类型】包括【虚拟模特】、【附件】、【服装】、【场景 & 道具】四个选项，如图 3-27 所示。

 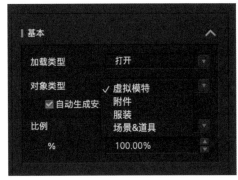

（a）导入 OBJ 文件 　　　　（b）选择虚拟模特

图 3-27　导入虚拟模特步骤

（1）虚拟模特。选择虚拟模特会将导入的虚拟模特替换掉原来的虚拟模特，勾选自动生成安排点的话，在虚拟模特导入后会自动生成安排点和安排板。

（2）附件。"导入为附件"功能用于将一个 OBJ 文件读取为附件，OBJ 文件作为附件导入后，在试衣时不会进行冲突处理，存在穿透服装的风险。

（3）服装。此选项会将导入的 OBJ 文件读取为 3D 服装。如果此时选中在 UV 图中勾勒 2D 板片，则系统将基于 UV 图信息生成 2D 板片。

（4）场景 & 道具。会改变虚拟模特的动作姿势，如果指定动作不能够满足用户需求，可以点击【虚拟模特尺寸编辑器】或是【显示 X-Ray 关节点】来调整虚拟模特的姿势。

在选择完所需要的数据类型后点击确定，则会在窗口处显示 OBJ 文件，如图 3-28 所示。

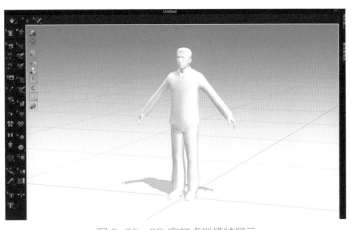

图 3-28　3D 窗口虚拟模特展示

第三节　CLO3D基础操作

本节主要介绍了 T 恤的 3D 虚拟试穿操作步骤，其中包括如何新建项目，打开虚拟模特，缝纫纸样、模拟试穿、设置调整，当中穿插了如何使用【侧缝线】、【模拟】等 CLO3D 基础工具，可直观地给读者展示如何使用此类工具，举一反三，并激发读者的学习兴趣，熟悉 CLO3D 操作环境。

一、T 恤的 3D 虚拟试穿操作步骤

本部分选取 T 恤的纸样进行练习，利用简单的纸样举例如何调整模特尺寸、如何操作 CLO3D 常用工具，以此来达到学会虚拟试穿的效果。

对于初学者来说，基础板型的 T 恤是最适合用户熟悉软件的板型。下面通过详细的教程使读者对 CLO3D 中虚拟试衣的基本流程与方法有初步的了解。具体操作步骤如下。

（一）新建项目，打开虚拟模特

在打开 CLO3D 后，系统会显示出空白界面，需要手动导入项目或是文件。首先点击主菜单中的【文件】下的【新建】，开始一个新的试衣项目。点击系统主界面左上角的库中有【Avatar】（虚拟模特）项，双击该选项后，在下方窗口中则会相应地显示系统中自带的虚拟模特，如图 3-29 所示。点击第一个模特【Female_V2】进入子菜单选项，在这个菜单栏中包含头发、姿势、鞋子、尺寸以及安排点等多个文件。双击最后一项【FV2_Female_.avt】虚拟模特后，系统界面上的 3D 窗口则会显示该虚拟模特，如图 3-30 所示。

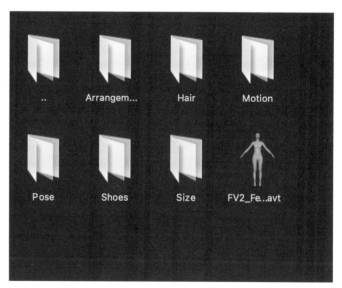

（a）打开 Avatar 文件　　　　　（b）选择需要的虚拟模特

图 3-29　选择打开虚拟模特

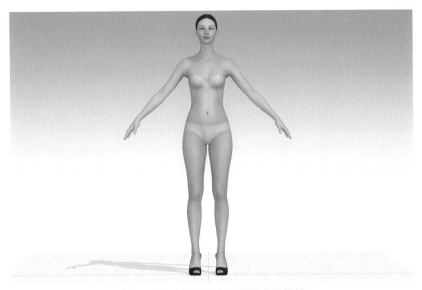

图 3-30　3D 工作窗口展示虚拟模特

（二）缝纫样板

导入 DFX 软件，将样片在 2D 板片窗口内框选样板，放在灰色模特阴影附近，样板是在富怡服装 CAD V10.0 中制作完成后，输出 AAMA/ASTM 的 DXF 格式，如图 3-31 所示。在菜单栏【文件】内打开【导入】中的【DFX】格式，找到对应的文件。弹出对话框，在【比例】中选择【厘米】，点击【确认】，完成样板导入的步骤。该 T 恤的上衣共有 4 种样板片，其中包括前片、后片、袖片、领片，如图 3-32 所示，CLO3D 虚拟试衣 2D 板片窗口样板如图 3-33 所示。

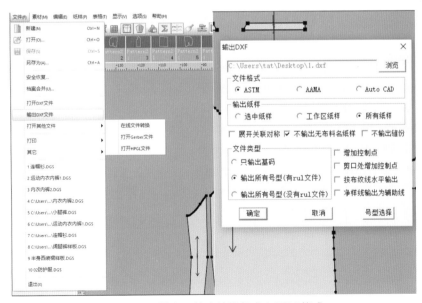

图 3-31　输出 T 恤文件保存成 ASTM 格式

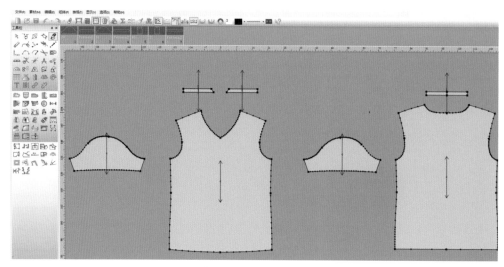

图 3-32　富怡服装 CAD V10.0 纸样窗口

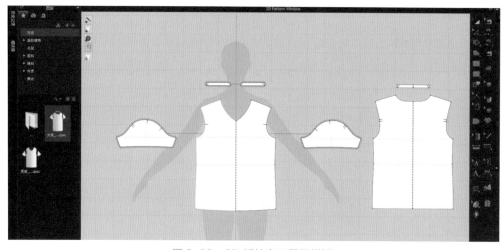

图 3-33　2D 板片窗口显示样板

（三）缝合服装样片

使用【侧缝线】工具，对好前后片的侧缝线后，直接使用 【线缝纫】工具分别进行缝纫，通过前面介绍的操作步骤，读者可自行尝试利用 【线缝纫】工具、【自由缝纫】工具来对侧缝线进行缝合。使用【侧缝线】工具把对应的前后片肩线缝合，注意缝合方向，两个肩线缝合完成后，同样使用【侧缝线】工具，把袖片与大身、领片进行缝合，如图 3-34 和图 3-35 所示。

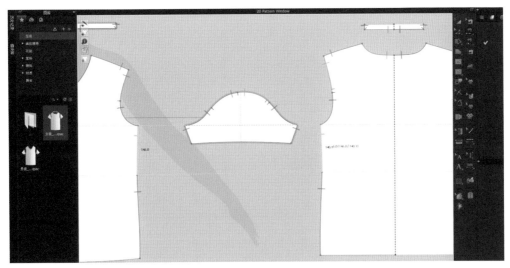

图 3-34　侧缝线缝纫过程

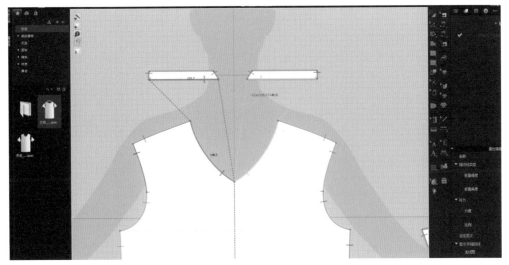

图 3-35　2D 板片窗口工具

（四）模拟试穿

点击【安排点】工具，安排好前片、后片、领片、袖片，使用 【选择／移动】工具，再点击 【模拟】工具，直接进行试穿。

使用 【移动】工具，将板片移动至不遮挡的蓝色【安排点】的虚拟模特位置。然后在3D 工作窗口的任意空白区域单击鼠标左键，将样板移动到对应的部位。通过方向确认前后片的位置，图 3-36 所示。

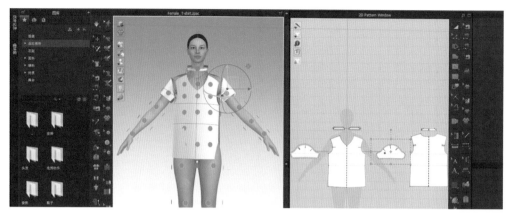

图 3-36 【安排点】工具调整样板方向

在点击![模拟]工具之后，可在 3D 工作窗口内右击调整服装，还可通过压力图和应力图来辅助调整，使服装在感官上更加合体，如图 3-37 所示。

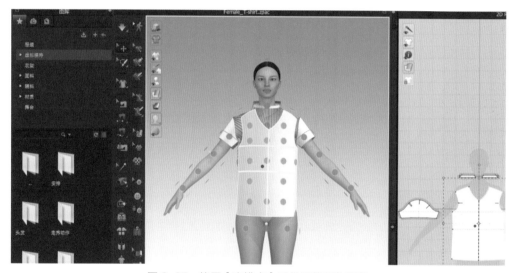

图 3-37 使用【安排点】工具调整服装示意

（五）设置与调整

1. 设置织物

进行服装模拟时可以通过图库中的面料选择想要的面料，如图 3-38 所示，对于 T 恤可以选用棉质面料。在主界面的库内选择合适的面料，双击【面料】工具。左击选择的面料后可直接拖拽至 3D 工作窗口内，即可获取想要的面料效果。

②.最终模拟

换好服饰面料后再激活，调整虚拟模特姿态，可选择直立的姿势，最终的虚拟试穿效果见图3-39。

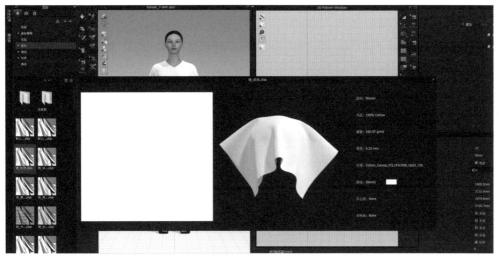

图 3-38　设置面料

图 3-39　最终虚拟试穿效果

二、注意事项

在使用 CLO3D 进行 T 恤的 3D 虚拟试穿时，有以下几个重要的注意事项需要考虑。

（1）确保 T 恤图案和尺寸准确无误。在 CLO3D 中，微小的误差也可能导致在 3D 模拟中出现显著的不匹配。

（2）选择反映 T 恤实际面料特性的材质和纹理。面料的弹性、厚度和重量等属性将直接影响服装的挂垂和贴身效果。

（3）确保 T 恤的所有部分正确缝合，尤其是领口、袖口和下摆。不正确的缝合可能导致 3D

模型中出现不自然的拉扯或扭曲。

（4）选择合适的 3D 模特进行试穿，确保模特的体型与预期的目标群体相符。必要时调整模特的体型参数，以确保服装的适穿性。

（5）使用 CLO3D 的动作和姿势模拟功能检查 T 恤在不同动作下的表现。这对于评估服装的舒适度和实用性至关重要。

（6）注意细节处理，如缝线质量、图案对齐和颜色匹配。这些细节在 3D 试穿中尤为重要，因为它们会直接影响到最终展示效果。

（7）使用适当的渲染和光照设置来增强视觉效果。光照和阴影对于展现面料的质感和色彩有显著影响。

（8）进行多次模拟试穿，根据需要调整设计。每次调整后，重新进行 3D 模拟，确保所有改动都能达到预期效果。

遵循这些注意事项有助于确保在 CLO3D 中进行的 T 恤 3D 虚拟试穿既准确又高效，从而提高整体设计和制作过程的质量及效率。

第四章
服装CAD与CLO3D基础设计实践

本章主要以服装 CAD 与 CLO3D 操作为主。第一节主要以原型裙、女西裤、男西装的纸样为例，通过结构线的绘制、纸样的生成等进行了详细描述，以期读者能循序渐进地熟练掌握富怡服装 CAD 的操作。第二节列举了女性内衣、女西装、半身裙、女西裤的虚拟试衣步骤，详细生动的案例可帮助读者更加熟练掌握该软件中常用的工具。

第一节 服装CAD基础设计实践

在现代社会，消费理念与消费行为的转变，使得消费者对服装产品的个性化需求增加。在此基础上，小规模定制化、细致化、数字化生产成为新的趋势，个性化体验式消费使得服装企业在生产中引入了定制化系统生产模式，由此可见，以数字化进行服装设计、生产是一种必然趋势。本节根据女装与男装中较为典型的款式进行范例式教学。

一、半身裙装 CAD 设计与制作

原型裙的整体造型特点为直筒型，为突出人体曲线，对腰部进行了省道设计，裙长至膝盖，前后片分别有两个省道设计，中后片还有开衩设计，便于行走，在了解任意活动特征及人体活动特点后，还需要增加一定的松量。

原型裙腰围的松量是 2cm，胸围松量为 4cm，获取合体原型裙的纸样，以下是制板详细步骤。原型裙款式如图 4-1 所示，原型裙基础线如图 4-2 所示，原型裙结构图如图 4-3 所示。

（a）原型裙款式正视图　　（b）原型裙款式背视图

图 4-1　原型裙款式

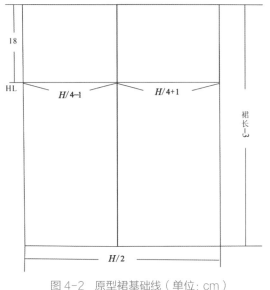

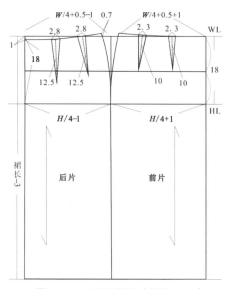

图 4-2　原型裙基础线（单位：cm）

H—臀围；HL—臀围线

图 4-3　原型裙结构（单位：cm）

W—腰围；H—臀围

（一）各部位详细尺寸数据

原型裙详细尺寸数据如表 4-1 所示，原型结构基础线及详细结构尺寸见图 4-3。

表 4-1　原型裙详细尺寸数据　　　　　　　　　　　　　　　　单位：cm

部位	身高	腰围	臀围	裙长	腰长
尺寸	160	66	88	60	18

（二）服装 CAD 制板步骤

1. 号型设置

本小节所使用的号型为 160/66A，单击 ▦【规格表】，在窗口的表格内输入部位名称并确认对应的号型，单击【确定】按钮后以文件的形式保存。

2. 绘制基础线

首先单击【矩形】工具，绘制后裙原型框架，用鼠标右击空白界面，在【计算器】界面输入矩形的长度与宽度，长度为裙长 -3cm，宽度为 46cm。在弹出【长度】窗口时右击【计算机】图示，双击输入【臀围 /2=46】，点击【OK】键，再单击【确定】。根据表 4-2 提供的计算公式确定侧缝线、臀围线、前中心线的长度为臀围 /4+1cm，后中心线的长度为臀围 /4-1cm，如图 4-4（a）所示，基础线绘制步骤如图 4-4（b）所示，详细步骤可参照第八代文化式女装原型基础线绘制方法。

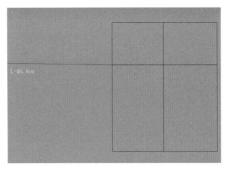

（a）平行线绘制步骤　　　　　　　　　（b）基础线绘制步骤

图4-4　基础线绘制步骤

（三）绘制原型裙

通过公式分别计算出前后片腰围和后片腰围，再使用 ✐【智能笔】工具绘制腰围线，起翘量见表4-2，再绘制侧缝线，后片腰围侧缝线处下降1cm，侧缝线相交的地方到臀围线为5cm，如图4-5所示。

表4-2　原型裙部分尺寸和计算公式　　　　　　　　　　　　　　　　单位：cm

部位	尺寸或公式
前片侧面翘高	0.7
后片侧面下放量	1
前片省道长	10, 10
后片省道长	12.5, 12.5
省量	2
前片腰围	腰围/4+0.5+1
后片腰围	腰围/4+0.5-1

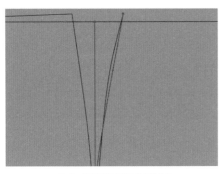

（a）裙侧缝线绘制步骤　　　　　　　　　（b）侧缝绘制步骤

图4-5　裙侧缝线与侧缝绘制步骤

用 【V 形省】工具在腰围结构线上增加省道，单击边线后右键结束，单击省线，确定省道大小，具体数据见表 4-2，按右键结束，合并腰省，最终的省道见图 4-6。裙子的后片的操作方法同上，最终原型裙见图 4-7。

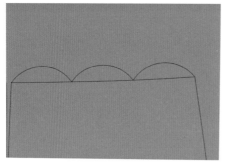

（a）确定腰省位置步骤

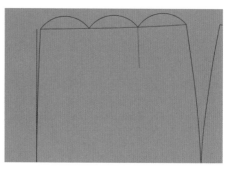

（b）腰省绘制步骤

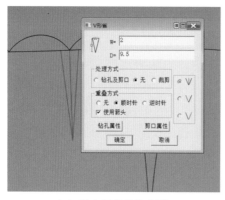

（c）确定腰省量的步骤一

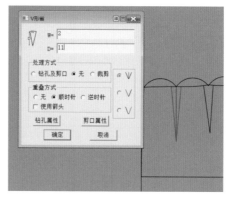

（d）确定腰省量的步骤二

图 4-6　绘制裙腰省步骤

用【矩形】工具，在窗口内输入长度【腰围 +2】，宽为腰高 ×2=6（cm），使用 【智能笔】工具绘制腰折线，如图 4-8 所示。

用 【剪刀】工具拾取纸样，如图 4-9 所示。在纸样菜单中单击纸样资料，分别对裙子前后片与腰头的纸样布料类型、方向、纸样份数等详细信息进行填写，确认上衣前后片的缝份，使用 【缝份】工具加缝份，可以修改缝份量，如图 4-10 所示。通过 【剪口】工具设置记号，再用 【纸样对称】工具，在属性栏内选择不关联对称，即可显示完整纸样。

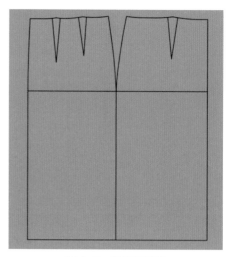

图 4-7　最终原型裙

图 4-8　绘制腰折线

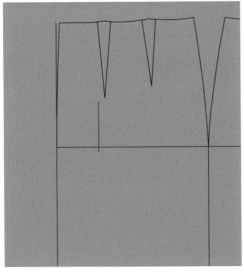

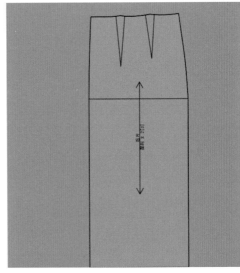

（a）点击纸样结构线　　　　　　　　（b）形成纸样

图 4-9　形成纸样步骤

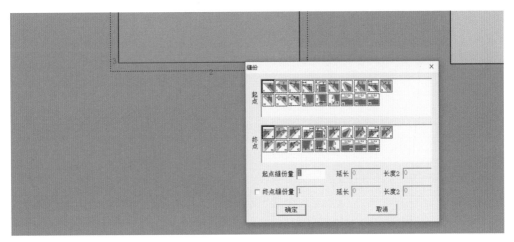

图 4-10　增加缝份步骤

二、女西裤 CAD 设计与制作

　　女西裤为合体型裤装，腰位齐腰，绱腰头，后片有一个省道，前片无省道，女西裤纸样的结构框架见图 4-11，其结构见图 4-12。

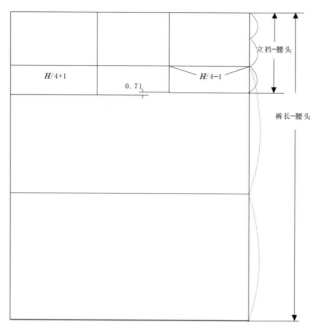

图 4-11 女西裤纸样的结构框架（单位：cm）

H—臀围

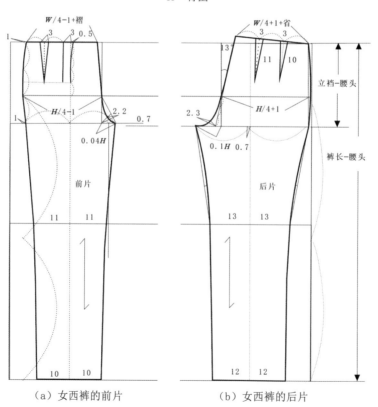

（a）女西裤的前片　　　　（b）女西裤的后片

图 4-12 女西裤结构（单位：cm）

W—腰围；H—臀围

分有一个前侧片与前片，前后各有两个口袋，前中装拉链，前后裤片制板过程中需要线条圆顺。在绘制的过程中需要注意前后片立裆、脚口数据，女西裤款式如图 4-13 所示。

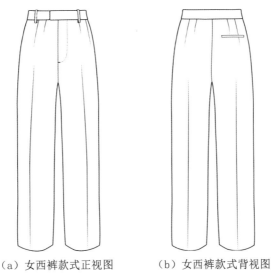

（a）女西裤款式正视图　　　（b）女西裤款式背视图

图 4-13　女西裤款式

（一）号型设置

执行【号型】和【号型编辑】命令，在弹出的窗口内以 165/68 号型为例进行尺寸设计，详情见表 4-3。

表 4-3　女西装裤尺寸数据　　　　　　　　　　　　　　　　单位：cm

部位	身高	腰围	臀围	裤长	脚口	腰头宽	膝围	立裆
尺寸	165	68	94	100	23	4	32	22.5

女西装裤的腰围放松量为 2cm，臀围放松量为 8cm。

（二）前后片的结构设计

1. 前片绘制

首先在弹出的窗口内确定平行线与垂直线，垂直线是【裤长-3】，完成裤的基本框架，绘制腰围线、臀围线、裤长线、脚口线、膝围线，使用从参数化制图，确保上方的参数化按钮是启动状态，再用 ✐【智能笔】工具绘制前片和后片的基础线（结构框线），左键单击，如图 4-14 所示。再单击右键绘制垂直的线，确定长度为【裤长-腰头】=100-4=96（cm），可以在计算机窗口内进行操作，单击上侧端点，按住鼠标右键拖动，释放鼠标右键可弹出参数对话框。将鼠标放到水平线上，按住左键拖动，绘制臀围线和底裆线，以左侧这条竖直的垂线为参考线绘制前片结构，在水平线上单击左键，将鼠标光标移动到腰围线处，弹出窗口后编辑【H/4-1】（H 为臀围），绘制完成横档线。再单击右键变成 T 字尺，绘制出框架，立裆线的绘制需要单击左键去定长（注意单击的位置），输入【$H*0.4/10$】，再单击右键向上绘制直线，左键单击点，连接对角线，再使用等份规工具，按住右上角输入 3，改线段进行三等份划分。

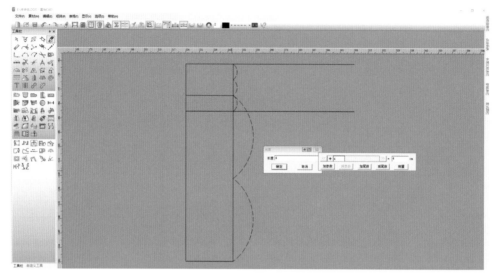

图 4-14　女西裤基础线绘制

用 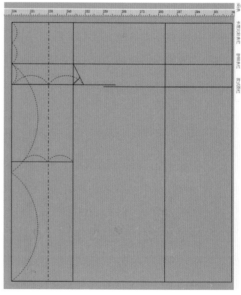 【智能笔】工具绘制臀围线、膝围线【55cm】，小裆宽、小裆凹势，小裆宽=$H/20-1$，小裆凹势是 2.5cm。用【加点】工具在横裆线上移动光标输入【0.7】，得到偏移 0.7cm 的点，接着用【等份规】工具找到前裤片烫迹线上的点。

使用智能笔，在水平线上单击左键向内绘制 1cm 的点，再连接关键点，绘制出前裆弯的弧线，使用调整工具，左键单击中线，再单击左键添加控制点进行调整。用智能笔在腰围线上取【$W/4-1+4.8$】的量，连接斜线到腰围线的点处，单击右键结束绘制。将立裆线向下平移 0.7cm，双击右键生成点。利用【等份规】工具，在快捷框内输入等分数，单击直线两端点进行等分，二等分点单击左键，再单击右键绘制裤中线。利用【等份规】工具，按 Shift 键变为线上等距工具，单击点，再沿线方向移动。再单击左键，输入数【$(H/4+1)/2$】，在智能笔点上单击左键连接曲线，单击右键结束。调整工具用于调整曲线；使用剪刀工具，左键单击线，再单击左键可将需要的线段剪断，见图 4-15。

图 4-15　女西裤小裆宽、小裆凹势绘制

用✐【智能笔】工具、🚗【等份规】工具、✐【对称】工具与【加点】工具，找到中裆大、脚口大。用✐【智能笔】工具定前腰点，前中心偏进1cm左右，腰口线偏里1cm左右。用🅰【圆规】工具确定前腰围大：$W/4-1+5$（褶裥量），如图4-16所示。

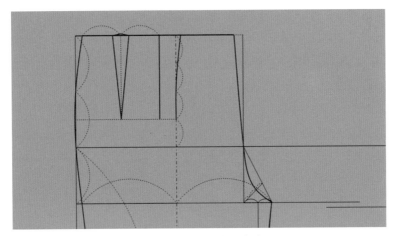

图4-16　女西裤腰绘制

绘制褶裥的位置线、门襟线，绘制前侧袋布，完成前裤片结构图绘制，如图4-17所示。用智能笔连接内侧缝，画出裤口，单击右键结束。用调整工具，调整曲线。用点工具，在腰线上距离外侧缝4cm定一个点，用🅰【圆规】工具单击点，再将线靠到侧缝线上。捕捉到侧缝线时单击左键输入袋长，绘制口袋，用✐【智能笔】工具画出门襟位置，门襟宽度为3cm。利用线型调整工具，选择粗的线型，通过改变线型来调整门襟的形状。

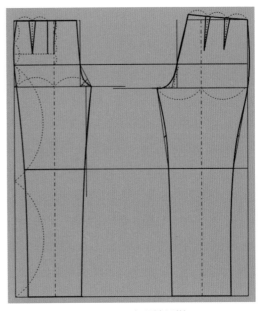

图4-17　女西裤纸样

2.绘制后片

绘制女西裤后片，用✐【智能笔】工具绘制后裆斜线，将鼠标放到线上，按住左键拖动，在平行线中绘制另一侧框架线，平行拖动的长度为$H/4+1$，前片立裆线下落0.7cm为后片立裆线，绘制后裆弯斜线，用✐【智能笔】工具先单击组件，输入数据，再用右键绘制水平线，找到点的位置，连接斜线，使用角度工具，数据为13°。用▨【三角板】工具单击直线上任意两线，在此点击延伸的起始点，确认延伸的长度，在底裆线上绘制出后裆弯的宽度，单击右键结束。使用🚗【等份规】工具，将线段等分成2份，再从斜线与底裆线的交点处开始等分成3

份，用智能笔绘制斜线，单击右键结束。

用 ▨【三角板】工具作斜线，绘制斜线的垂线，再将平行线交于交点处，用 ✐【橡皮擦】工具擦掉辅助线，剪段线后用 ✐【橡皮擦】工具擦掉多余线段即可。绘制后裆弧线，单击右键结束。使用 ▲【圆规】工具，单击起始点，再靠到线上点击左键输入数值。然后确定腰围及省尺寸的长度，为 $W/4+1+4$。绘制裤中线，使用 ⊷【等距】工具确定裤口的长度为 $H/4+1+6$。绘制出侧缝线，绘制详情可参照前片的步骤。女西裤腰省纸样如图 4-18 所示。

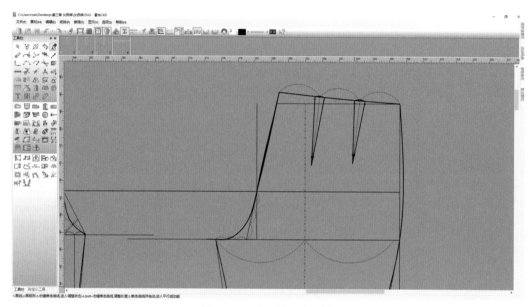

图 4-18　女西裤腰省纸样

测量前内侧长度，调整工具，将前后、前内侧缝长度调整成相同的大小，再绘制腰省，将腰线三等分，选择【V 形省】工具，单击右侧工具栏属性，选择【V 形省】选项。左键单击线，单击右键结束，再单击关键点，弹出参数框，W 为省宽，D 为省中线长度，处理方式为钻孔及剪口，重叠方式为顺时针，使用剪口。将省合并后的曲线调整圆顺，单击右键结束。用同样的方法绘制好第二个省道。

绘制好腰头，绘制扣眼和扣子的位置，点工具和二等份单击左键生成标记点，完成腰头绘制。做前、后腰省，以腰口斜线为基准线，从左侧截取 10.5cm，再向下绘制 10cm 长的直角线，做腰省中心线。总省量为 2cm，绘制出两条省边线。作腰头，使用 ✐【智能笔】工具，利用连接角的功能，对复制出来的腰头的结构线，修整多余的线段；旋转合并后腰头。将调整好的前、后腰头拼接完整，重新沿拼接好的腰头上、下边线绘制圆顺。

选择 ✂【剪刀】工具，根据样片的设计要求分离纸样，并在【纸样资料】对话框中正确填写布纹线的方向和样片的描述，如纸样名称、份数、尺寸、面料类型等。然后确定样片各接缝边、对位剪口等的长度，如图 4-19 所示。

第四章
服装CAD与CLO3D基础设计实践

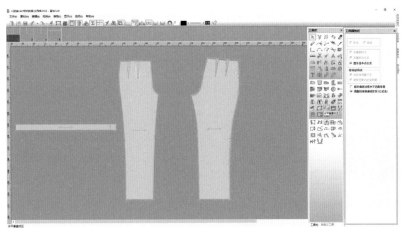

图 4-19　女西裤纸样

三、男西装 CAD 设计与制作

男装中比较典型的、带有定制化的服装为西装上衣与西裤，西装与西裤具有极高要求的合体度，如需线上进行数字化修改，可有效提高设计效率，降低成本，增加收益。同时可在数字化定制业务中为不同企业、品牌与高校提供新思路，以满足当代消费者数字化服装的需求，为后期更有设计感的定制化、数字化男性服装做好基础铺垫。

男西装的纸样在整个设计和制造过程中扮演着至关重要的角色。纸样是设计师将创意和概念转化为实际服装的关键步骤，它是一种蓝图，以图形和尺寸的形式展示了服装的结构、剪裁和设计元素。男西装的纸样是设计、制造和定制过程中不可或缺的一环，为确保设计理念的实现、制造的精准性和量产的一致性提供了基础。男西装款式如图 4-20 所示。

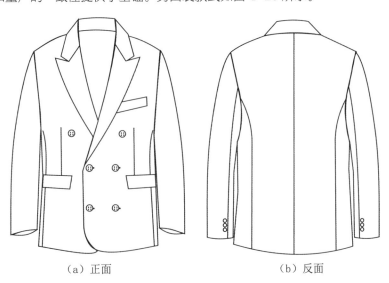

（a）正面　　　　　　　　（b）反面

图 4-20　男西装款式

执行【号型】和【号型编辑】命令，在弹出的窗口内以 170/88A 号型为例进行尺寸设计，详见表 4-4。

表 4-4　男西装成品规格尺寸数据　　　　　　　　　　　　　　　单位：cm

部位	衣长（L）	胸围（B）	肩宽（S）	背长（BAL）	领围（N）	袖长（SL）	袖口（CW）
尺寸	74	106	44	42	40	60	14.5

男西装的腰围放松量为 2cm，臀围松量为 8cm，号型为 170/88A。

（一）规格设计

男西装结构如图 4-21 所示。

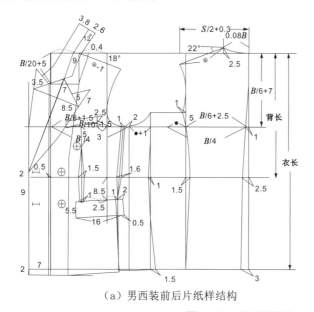
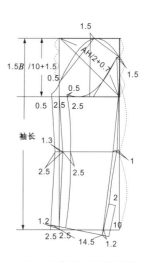

（a）男西装前后片纸样结构　　　　（b）西装袖子纸样结构

图 4-21　男西装结构

AH—袖窿弧线长

（二）制板过程

1. 绘制基础线

（1）衣长、胸围辅助线。使用▢【矩形】工具确定衣长和胸围线。

（2）后领宽、后领深。通过▢【矩形】工具确定好后领宽（N/5）、后领深（2.4cm）。使用✏【智能笔】工具定后肩宽（肩宽/2）、后肩斜（5.4cm），并连接后侧颈点，最后定后肩线。

（3）胸围线、腰围线。使用▤【不相交等距线】工具得到袖窿深（胸围/6+7.5cm）和背长的尺寸，用于确定胸围线及腰围线。

（4）后背宽及后袖窿。使用▤【不相交等距线】工具绘制胸围线的平行线，长度为

（0.5/10*B*）。使用 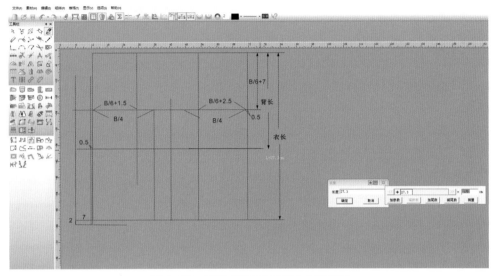【智能笔】工具得到（*B*/6+2.5cm）的长度并定后背宽。再使用智能笔绘制后袖窿。用 【调整】工具调整圆顺为止。

绘制成的男士西装上衣基础线如图 4-22 所示。

图 4-22　绘制成的男士西装上衣基础线

2. 绘制领部、肩部、袖窿线等

绘制后领口宽线、领深线、肩宽线、肩斜线，确定肩后点、后袖窿弧线、后侧缝线、后背缝线，再绘制前领口宽线、领深线、前肩点、前袖窿弧线、前侧缝线等，如图 4-23 和图 4-24 所示。

（1）侧缝线。使用智能笔绘制侧缝线，通过 【调整】工具调整成弧线。

（2）后中线及开衩。使用 【智能笔】工具绘制西装的后中线。然后从后中腰线下 4cm 处绘制 5cm 的水平线。使用 【水平垂直线】工具继续绘制侧缝线。

（3）前领宽、前领深。使用 【矩形】工具确定前领宽（*N*/5−0.3），前领深（*N*/5）。

（4）前肩宽、肩斜。使用 【智能笔】工具确定前肩宽（*S*/2−0.7）、前肩斜（6cm），连接前侧颈点定前肩线。

（5）前胸宽。使用 【智能笔】工具绘制（*B*/6+2）的长度，确定前胸宽。

（6）小腋下侧缝。用 【智能笔】工具在后胸围线上取（*B*/2+1−后背宽）的长度，并向下画垂线。用 【智能笔】工具绘制腋下侧缝。使用 【等分】工具把腋下侧缝与前胸宽线五等分。使用 【智能笔】工具绘制前袖窿、小腋下片袖窿，最后注意袖窿的纸样线条一定要调整圆顺。

（7）搭门。使用 【不相交等距线】工具作前中的平行线，距离为 2cm。使用智能笔或靠边工具 与腰围线、下摆线连接。

（8）前下摆。使用 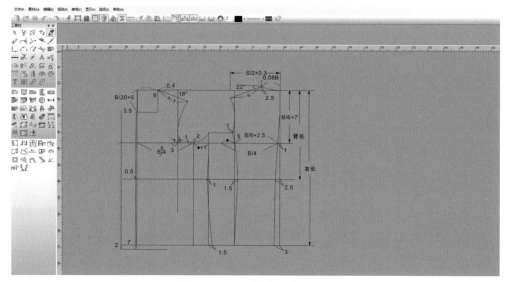【智能笔】工具绘制前下摆弧线。

（9）腋下片下摆。使用【智能笔】工具连接各点，绘制腋下片下摆的线。

图 4-23　男西装结构绘制过程

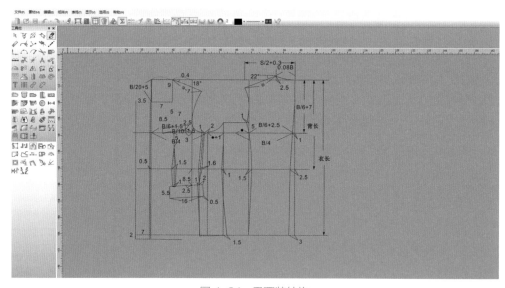

图 4-24　男西装结构

3. 绘制领子

使用【对称调整】工具翻折西装领。

（1）口袋制图。使用【智能笔】工具在前胸宽处（0.3/10 胸围）取点，向上 2.5cm 作垂直线。胸围线处向上确定（胸围 /10−0.5）的长度，向上 1cm，向下 1.5cm 画线，并连接不同纸样基础线。

（2）腰省及大袋位、侧缝。使用 【移动旋转】工具检查袖窿、下摆的效果并做调整。

（3）袖子。袖子的纸样见图 4-25，根据图中的纸样完成绘制即可，需要注意的是袖窿处的线条是否调整圆顺。

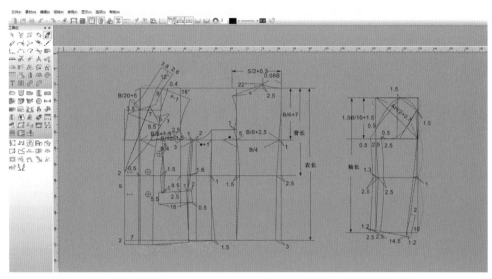

图 4-25　袖子的纸样

4.裁剪纸样

使用 【剪刀】工具逐步点击，闭合后使用衣片辅助线工具绘制内部辅助线，方法与女衬衫制图相同，如图 4-26 所示。

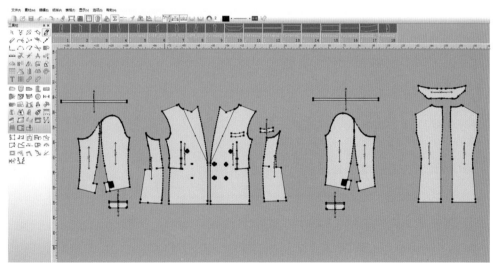

图 4-26　男西装纸样

5. 加缝份

用 【加缝份】工具在空白窗口任意点击，会对纸样增加缝份。框选一条或多条线进行修改，如图 4-27 所示。

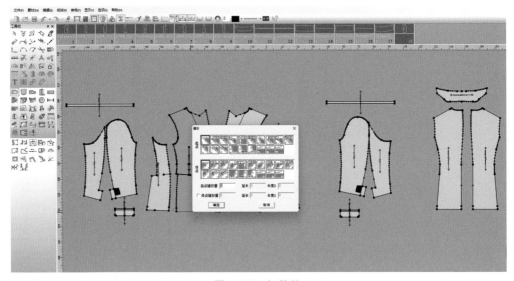

图 4-27　加缝份

6. 加剪口

用 【加剪口】工具在加剪口的位置点击。

7. 保存纸样

完成纸样后左击 【保存】工具，选择所需路径并存储文件。

第二节　CLO3D基础设计实践

一、女性内衣 CLO3D 设计实践

1. 新建项目，打开虚拟模特

在打开 CLO3D 软件之后，系统会显示出空白界面，需要手动导入项目或是文件。首先点击主菜单中"文件"下的"新建"，开始一个新的试衣项目。通过上文可知，在系统主界面左上角的库中有"Avatar"（虚拟模特）项，双击该选项后，在下方窗口中则会相应地显示系统中自带的虚拟模特，如图 4-28 所示。点击第一个模特"Female_V2"进入子菜单选项，在这个菜单

栏中包含头发、姿势、鞋子、尺寸以及安排点等多个文件。双击最后一项"FV2_Female_.avt"虚拟模特后，系统界面上的3D窗口则会显示该虚拟模特，如图4-29所示。

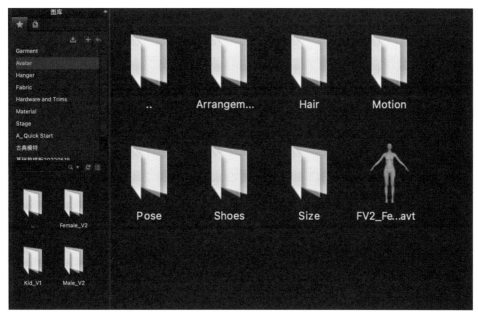

图4-28　找到合适的模特

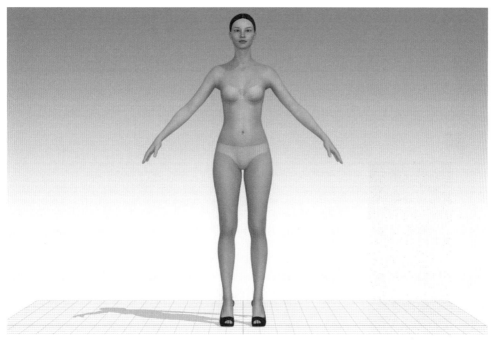

图4-29　导入虚拟模特

2. 导入内衣的板片

本部分所使用的纸样文件为"女内衣.dxf"。通过菜单导入该纸样文件，在导入 DXF 对话窗口中，"比例"项选择"毫米"，并且要勾选"选项"中的"将基础线勾勒成内部线"项。导入的板片摆放如图 4-30 所示。

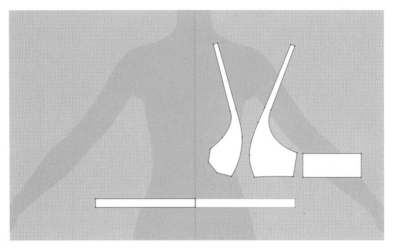

图 4-30　导入的板片摆放

3. 复制板片

在 2D 板片窗口，利用■【调整板片】工具选中需要复制的板片，右键点击板片出现工具菜单，点击【左右对称板片（板片和缝纫线）】，如图 4-31（a）所示，就会显示出后片的板片，将板片移至 2D 板片窗口的适当位置后，单击鼠标左键，放下板片。

"镜像粘贴"的板片在 3D 工作窗口中的前后位置与原板片相同，只需要同时进行，3D 工作窗口利用■【选择 / 移动】工具同时移至身体的相应位置即可，如图 4-31（b）所示。

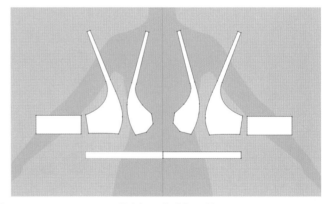

（a）点击【左右对称板片（板片和缝纫线）】　　　　　（b）【选择 / 移动】工具

图 4-31　内衣纸样

4.调整板片位置

在进行模拟之前，需要将服装的所有板片均放置在虚拟模特身体的适当位置，当各个板片的摆放位置与实际穿着时的相对位置基本一致时，才会使服装的模拟试衣更为正确有效。在 3D 工作窗口中，可以利用 【选择 / 移动】工具来移动板片。在板片的选择过程中，如果在 3D 工作窗口选择不方便，也可以在 2D 板片窗口，利用 【调整板片】工具来选择，在 2D 板片窗口选中后，在 3D 工作窗口也会同时选中。

5.缝合板片

在 3D 工作窗口完成板片的穿着后，需要在 2D 板片窗口中创建缝纫线。在 2D 板片窗口中，利用鼠标中键的功能对工作区进行放大和移动，以方便对前片和后片进行缝纫操作。在 2D 板片窗口选择 【线缝纫】工具，将每个板片间需要缝合的部分进行对应缝纫，板片间相互缝合完成的区间会呈现相同的色彩线段，如图 4-32 所示。如在 2D 板片窗口中无法进行准确的缝纫工作，也可以在 3D 工作窗口中使用 【线缝纫】工具交替完成，如图 4-33 所示，并且仔细检查是否有未进行缝纫的部分。

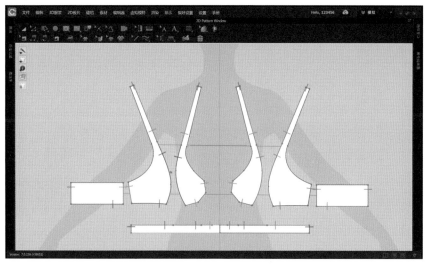

图 4-32　缝纫

6.虚拟试衣与调整

在进行模拟前，需要通过旋转查看各个视图，检查所有的缝纫线是否正确。如果发现不正确的缝纫线，可以利用 【编辑缝纫线】工具进行编辑或删除，再重新创建缝纫线。检查无误后，点击 【模拟】工具，在模特中进行试衣模拟，当模拟处于激活状态时，如果服装局部不够平整，可以利用 3D 工作窗口的 【选择 / 移动】工具轻轻拉扯板片，模拟效果如图 4-34 所示。

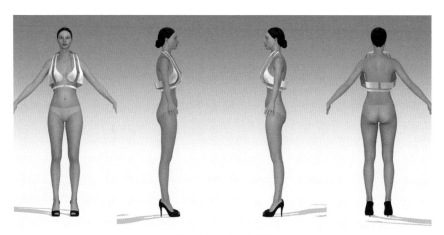

图 4-33　缝合样板

　　模拟完成后，退出"模拟激活"状态。至此，女内衣的缝纫及初步模拟已完成，可以进行项目保存，防止在后续的操作过程中出现问题。

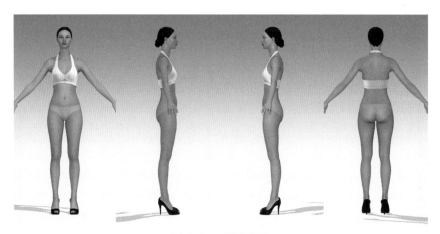

图 4-34　模拟效果

二、女西装 CLO3D 设计实践

1. 新建项目，打开虚拟模特

　　根据前面描述新建项目，并导入虚拟模特。

2. 导入女西装的板片

　　本小节所使用的纸样文件为"女西装.dxf"。通过菜单导入该纸样文件，在导入 DXF 对话窗口中，"比例"项选择"毫米"，并且要勾选"选项"中的"将基础线勾勒成内部线"项，导入的板片摆放如图 4-35 所示。

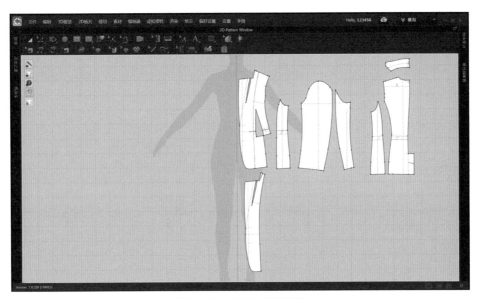

图4-35　导入的板片摆放

3. 复制板片

　　在 2D 板片窗口，利用 【调整板片】工具选中需要复制的板片，先框选袖子和后片，右键点击板片出现工具菜单，点击【左右对称板片（板片和缝纫线）】，如图 4-36（a）所示，就会显示出后片的板片，将板片移至 2D 板片窗口的适当位置后，单击鼠标左键，放下板片。"镜像粘贴"的板片在 3D 工作窗口中的前后位置与原板片相同，只需要同时进行，3D 工作窗口利用【选择 / 移动】工具同时移至身体的相应位置即可，如图 4-36（b）所示。可以调整好挂面与前片的层次关系后，再对前片进行复制。 复制板片完成后，点击【重置 2D 安排位置（全部）】工具，在 3D 工作窗口中重新安排版片位置。

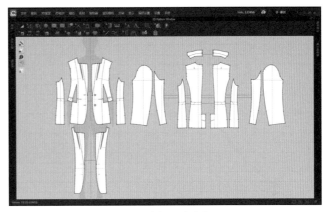

（a）【左右对称板片（板片和缝纫线）】　　　　　　　（b）【选择 / 移动】

图 4-36　缝纫

4.调整板片位置

在调整板片位置前应该先对板片进行层次安排。首先将前挂面放置在前片的后面，再复制前衣身的三个板片，然后把右前片和右挂面放置在左前片的前方，最后将左后片调整到右后片的前方。

在 3D 工作窗口中，可以利用 ![img] 【选择 / 移动】工具移动板片。在板片的选择过程中，如果在 3D 工作窗口选择不方便，也可以在 2D 板片窗口，利用 ![img] 【调整板片】工具来选择，在 2D 板片窗口选中后，在 3D 工作窗口也会同时选中，如图 4-37 所示。

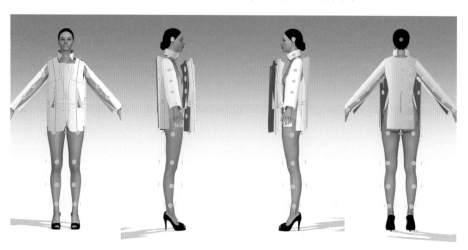

图 4-37　调整纸样

5.缝合板片

在 3D 工作窗口完成板片的穿着后，需要在 2D 板片窗口中创建缝纫线。在 2D 板片窗口中，利用鼠标中键的功能对工作区进行放大和移动，以方便对前片和后片进行缝纫操作。在 2D 板片窗口选择 ![img] 【线缝纫】工具、![img] 【自由缝纫】工具，将每个板片间需要缝合的部分进行对应缝纫，板片间相互缝合完成的区间会呈现相同的色彩线段，如图 4-38 所示。如在 2D 板片窗口中无法进行准确的缝纫工作，也可以在 3D 工作窗口中使用 ![img] 【线缝纫】工具交替完成，如图 4-39 所示，并且仔细检查是否有未进行缝纫的部分。

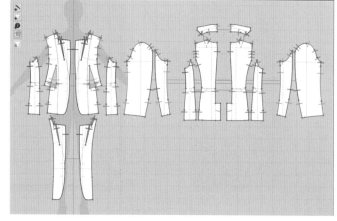

图 4-38　缝合板片

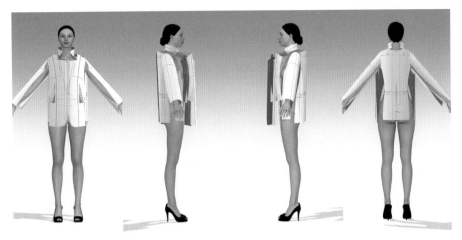

图 4-39　调整板片

6. 虚拟试衣与调整

在进行模拟前，需要通过旋转查看各个视图，检查所有的缝纫线是否正确。如果发现缝纫线有误，模拟效果如图 4-40 所示。

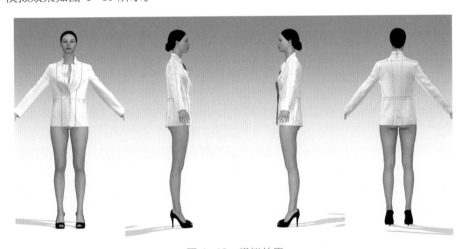

图 4-40　模拟效果

模拟完成后，退出"模拟激活"状态。

增加纽扣，使用【纽扣】工具在 2D 窗口的左前片画出两个纽扣，用【选择/移动纽扣】工具框选两个纽扣，右键选择"设置缝纫层数"，在对话框中改为 2。用【选择/移动纽扣】工具框选两个纽扣，右键选择"将扣眼复制到对称板片上"。使用【系纽扣】工具框选两个纽扣，将箭头放置到扣眼的位置，左键单击放置完成。选择领子部分，在属性中将"粘衬"打开，在"预设"中选择"底领无纺衬"。

模拟后，选择【勾勒轮廓】工具，将后衩线、翻折线、翻领线勾勒为内部线，勾勒完成后使用【折叠安排】工具折叠后衩以及领子部分。

最终模拟效果如图 4-41 所示。

图 4-41　最终模拟效果

三、半身裙 CLO3D 设计实践

1. 打开项目，导入虚拟模特

打开 CLO3D 软件并创建一个新的项目，双击【Avatar】项，在下方窗口中则会相应地显示系统中自带的虚拟模特，点击第一个模特【Female_V2】进入子菜单选项，选择一个适合的模特即可，如图 4-42 所示。

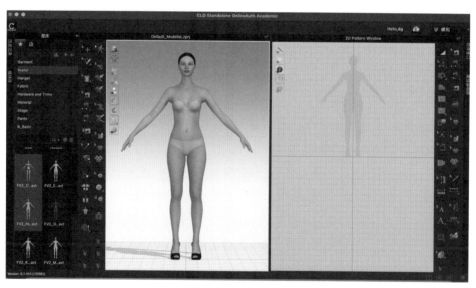

图 4-42　打开项目

2.缝纫样板

导入DFX裙装样板文件，在3D工具栏中选择重置 ⬆ 【2D 安排位置全部】工具，将2D窗口的安排同步到3D窗口中。

在3D垂直菜单栏中选择 ⬚ 【显示安排点】工具，将安排点显示出来，如果有部分安排点被挡住，需要在2D窗口中框选所有的板片，在3D窗口中将板片上移，露出被挡住的安排点，如图4-43所示。

在2D窗口中，使用 ✎ 【编辑板片】工具选中前片，在3D窗口模特的安排点上用左键单击，将板片放到安排点上，在属性编辑器【安排】下的子菜单栏中调整板片的位置，如图4-44所示。

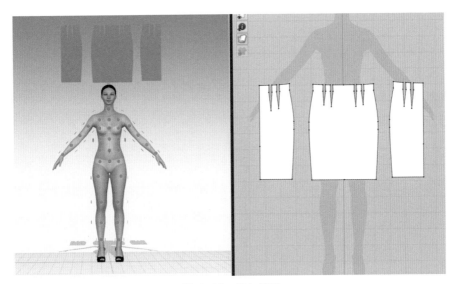

图4-43　导入样板

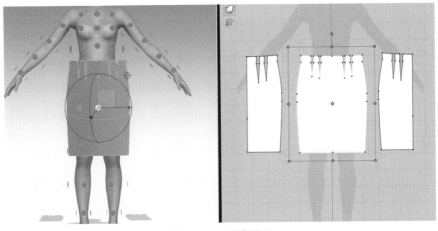

图4-44　安排前片

按下快捷键【8】，将视角转移到后视角。在 2D 窗口中选中后片，在 3D 窗口安排点上单击，将板片包裹在模特周围，在属性编辑器【安排】下的子菜单栏中调整板片的位置，如图 4-45 所示。点击垂直菜单栏中 【显示安排点】工具，将安排点隐藏。

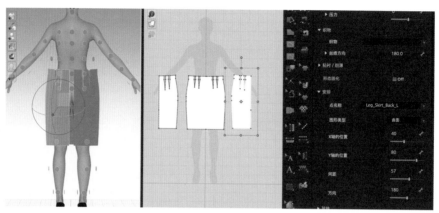

图 4-45　安排后片

使用 【线缝纫】工具将省道进行缝合，如图 4-46 所示。

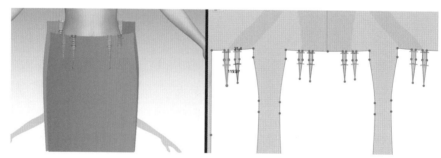

图 4-46　缝合省道

使用 【自由缝纫】工具缝合侧缝，如图 4-47 所示。

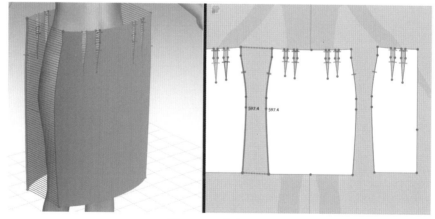

图 4-47　缝合侧缝

使用 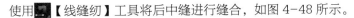【线缝纫】工具将后中缝进行缝合，如图 4-48 所示。

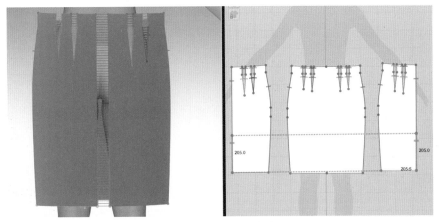

图 4-48　缝合后中缝

激活模拟，使板片自然垂挂在虚拟模特身上，模拟完成后关闭。点击【图库】窗口中【Avatar】，更换模特姿势，如图 4-49 所示。

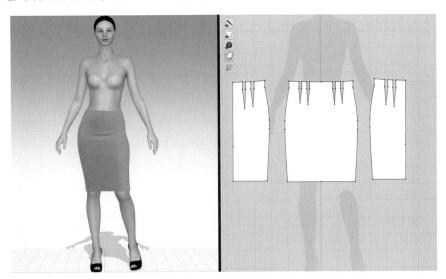

图 4-49　激活模拟

四、女西裤 CLO3D 设计实践

1. 打开项目，导入虚拟模特

打开 CLO3D 并创建一个新的项目，双击【Avatar】项，在下方窗口中则会相应地显示系统中自带的虚拟模特，点击第一个模特【Female_V2】进入子菜单选项，选择一个适合的模特即可，如图 4-50 所示。

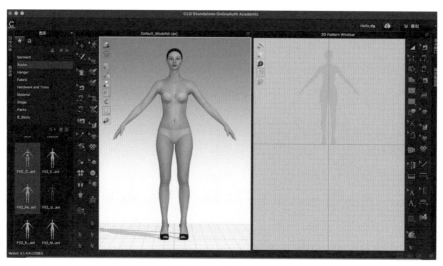

图 4-50　打开项目

2. 缝纫样板

导入 DFX 裤子样板文件，出现如图 4-51 所示对话框，选择确定。按 Ctrl+A 全选板片，把所有板片放置在 2D 窗口模特影子周围。

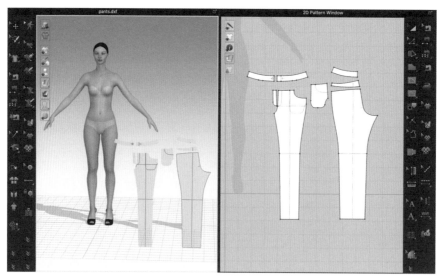

图 4-51　导入样板

对于只有一半的板片，使用 ▱ 【调整板片】工具，在 2D 窗口框选出所有的后片，右键单击，选择克隆连动板片【对称板片（板片和缝纫线）】，随后按住 Shift 键，将它水平放置到另一边，如图 4-52 所示。

在 3D 工具栏中选择重置 ▦ 【2D 安排位置全部】工具，将 2D 窗口的安排同步到 3D 窗口中。

在 3D 垂直菜单栏中选择 【显示安排点】工具，将安排点显示出来，如果有部分安排点被挡住，需要在 2D 窗口中框选所有的板片，在 3D 窗口中将板片上移，露出被挡住的安排点，如图 4-53 所示。

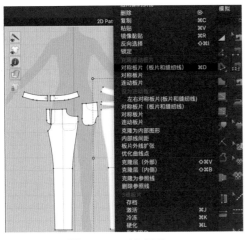

图 4-52　对称板片

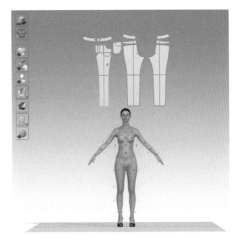

图 4-53　显示安排点

口袋与前片存在层次关系，在 3D 窗口中选择口袋板片，使用【定位球】工具，将口袋板片放置到前片的后方。同时，左、右腰之间也有层次关系，在 3D 窗口中选择左前腰，使用【定位球】工具，将左前腰放置到右前腰的上方，如图 4-54 所示。

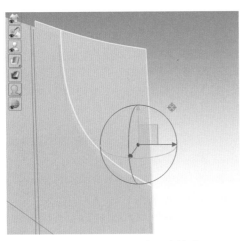

（a）裤子和口袋片层次关系

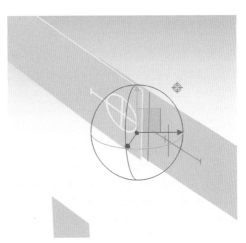

（b）裤腰层次关系

图 4-54　设置层级关系

在 2D 窗口中使用 【调整板片】工具，按住 Shift 键选择前裤片和口袋片，右键单击，在弹出菜单中选择克隆连动板片【左右对称板片（板片和缝纫线）】，将裤子和口袋的另一半板片对称复制出来，按住 Shift 键，将它水平放置到另一边，如图 4-55 所示。

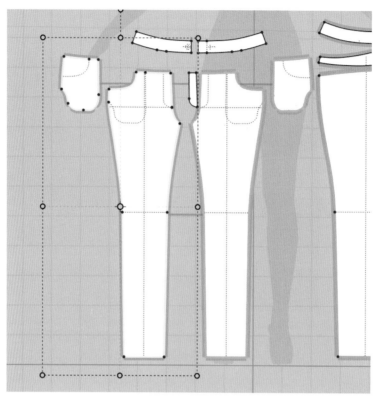

图 4-55　左右对称复制板片

使用 ◢【调整板片】工具，找到裤子门襟，右键单击选择【复制】，再在空白处右键单击选择【粘贴】，同时使用定位球工具，进行一个层级关系的安排，如图 4-56 所示。

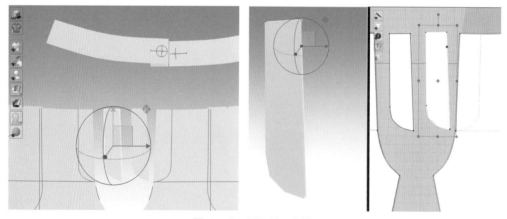

图 4-56　层级关系安排

在 2D 窗口中，使用 ◢【编辑板片】工具，按住 Shift 键选中前裤片和口袋片，在 3D 窗口模特的安排点上左键单击，将板片放到安排点上，在属性编辑器【安排】下的子菜单栏中调整板片的位置，如图 4-57 所示。

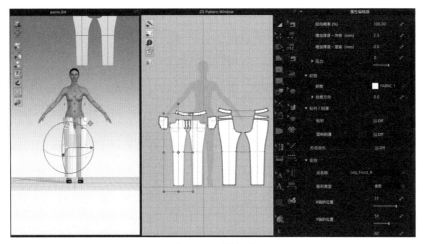

图 4-57　安排前裤片

在 2D 窗口按 Shift 键同时选中左腰和右腰，将鼠标移动到 3D 窗口中，点击腹部的安排点，将板片放下，如图 4-58 所示。

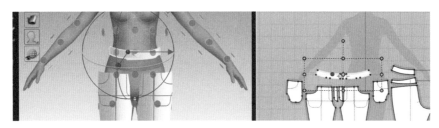

图 4-58　安排前腰

按下快捷键【8】，将视角转移到后视角。在 2D 窗口中选中裤子和后育克，在 3D 窗口安排点上单击，将板片包裹在模特周围，在属性编辑器【安排】下的子菜单栏中调整板片的位置，如图 4-59 所示。

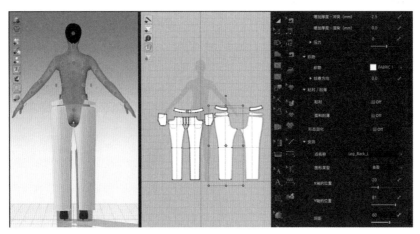

图 4-59　安排后裤片

在 2D 窗口中选中后腰板片，在 3D 窗口安排点上单击，将板片包裹在模特周围，在属性编辑器【安排】下的子菜单栏中调整板片的位置。

将视角旋转到正 2 视角，选中门襟，在 3D 窗口安排点上单击，将板片放置到门襟处，使用点位球工具，将门襟放置到左前片的里面。点击垂直菜单栏中 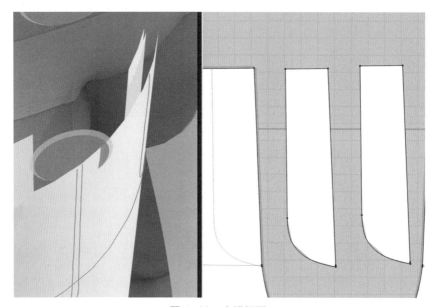【显示安排点】工具，将安排点隐藏，如图 4-60 所示。

图 4-60　安排门襟

使用 【自由缝纫】工具将口袋缝合到前裤子板片上。在口袋板片与裤子板片重合的部位建立缝纫线，并在属性编辑器中将缝纫线类型改为【TURNED】，激活模拟后口袋会更平整，如图 4-61 所示。

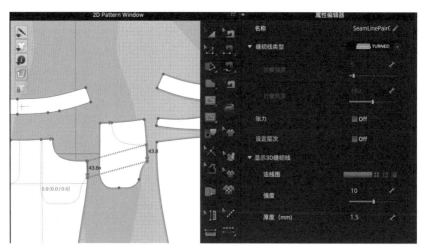

图 4-61　缝制口袋

使用 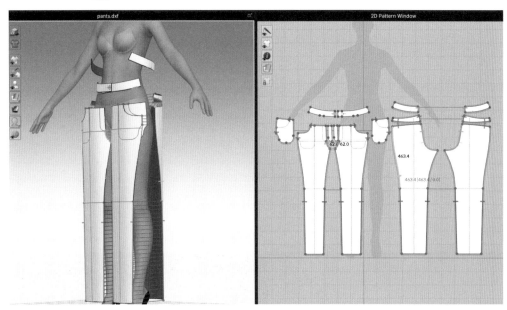【线缝纫】工具，缝合裤子的前中缝和侧缝以及后中、后育克和后裤片。视角转移到正2视角，使用【线缝纫】工具，缝合前门襟的下半段，如图4-62所示。

图4-62　缝制裤片

在【自由缝纫】工具上长按左键，选择【M:N 自由缝纫】，根据需要将侧缝缝合，按下回车 Enter 键完成缝纫，如图4-63所示。

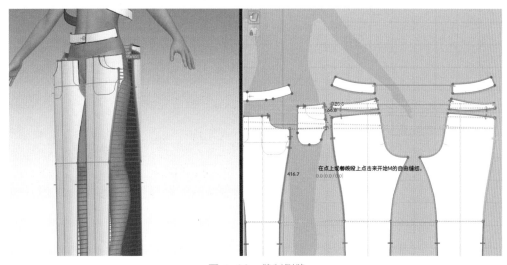

图4-63　缝制侧缝

使用【自由缝纫】工具，将前腰片缝合到口袋、裤子缝合处，如图4-64所示，接着缝合后腰带。

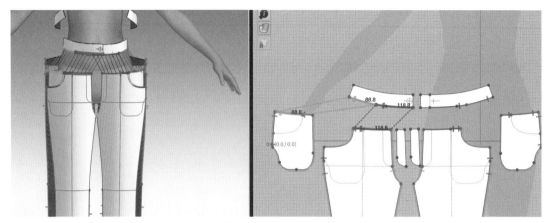

图 4-64　缝制前腰片

使用 【自由缝纫】工具，将右门襟缝合到右前片上，并在属性编辑器中将缝纫线类型改为【TURNED】，如图 4-65 所示。

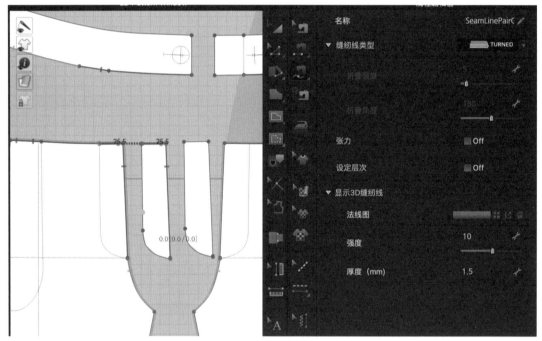

图 4-65　缝制门襟 1

使用 【勾勒轮廓】工具，将前片的前门襟线勾勒为内部线，点击 Enter 键即可，并将它与门襟片缝合。左边的门襟片与左裤片缝合，上口与腰头缝合，如图 4-66 所示。

在 2D 窗口中使用 【调整板片】工具，框选出两个门襟的直线段，在板片的直线上进行单击，选择【内部线间距】，输入 13mm，点击确认。使用 【线缝纫】工具，将它缝合好，如图 4-67 所示。

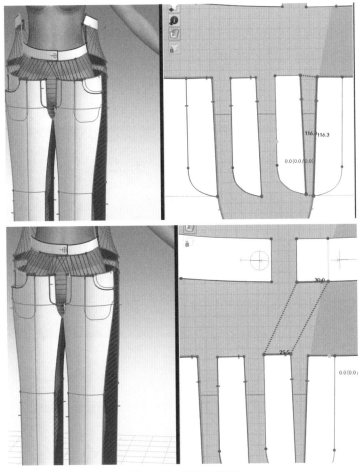

图 4-66　缝制门襟 2

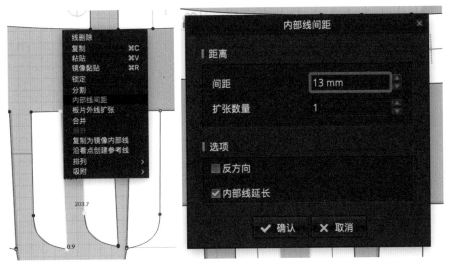

图 4-67　缝制门襟 3

在 3D 窗口中选择 ⊙【纽扣】工具，在 2D 窗口的板片表示纽扣的地方左键单击以添加纽扣，表示纽扣的线将出现在 2D 图案上，并且纽扣的图像也会同步出现在 3D 窗口中。同理，在 3D 窗口中选择 ━【扣眼】工具，在 2D 窗口的板片表示扣眼的基础线上左键单击以添加扣眼，扣眼的图像也会同步出现在 3D 窗口中。使用 ⊙【移动扣眼】工具，选中扣眼，在属性编辑中调整扣眼的角度，如图 4-68 所示。

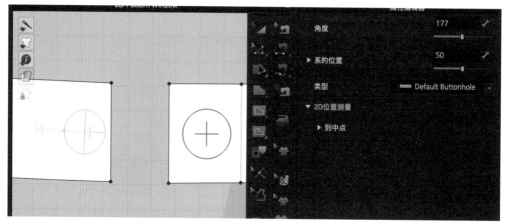

图 4-68　确定纽扣与扣眼

在 3D 工具栏中选择 ⊙【系纽扣】工具，在 2D 窗口中先点击【纽扣】，再点击【扣眼】，将纽扣系住。使用 ⊙【移动扣眼】工具，点击 2D 窗口中的纽扣，右侧属性编辑器中关闭【冲突】，如图 4-69 所示。

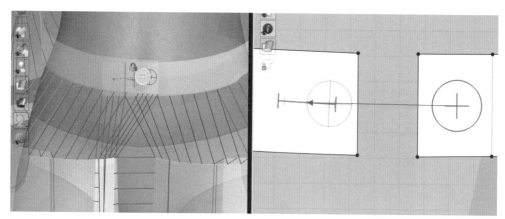

图 4-69　系纽扣

在 2D 窗口中使用 ━【调整板片】工具，按住 Shift 键，同时选中腰带板片，在属性编辑器中选择【粘衬 / 削薄】选项，点击箭头展开菜单，选中粘衬旁边的勾选框，如图 4-70 所示。

激活模拟，使板片自然垂挂在虚拟模特身上，模拟完成后关闭。点击【图库】窗口中的【Avatar】，更换模特姿势，如图 4-71 所示。

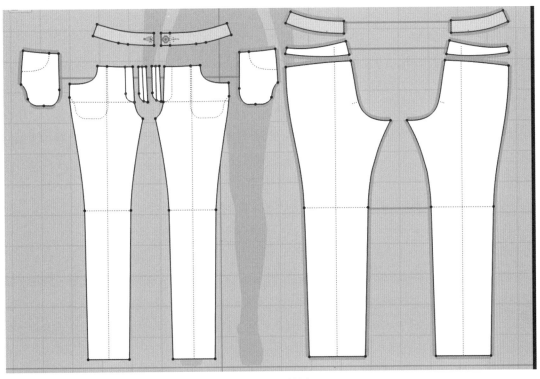

图 4-70　粘衬

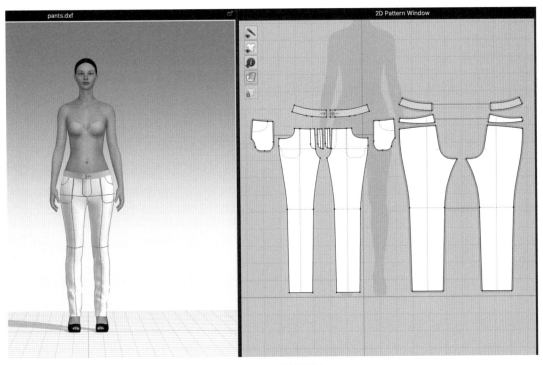

图 4-71　模拟激活

第五章
服装CAD与CLO3D创意设计实践

本章首先围绕服装 CAD 与 CLO3D 创意设计实践展开，分别通过服装 CAD 与 CLO3D 软件实现了创意服装设计，服装 CAD 列举的系列服装为新中式系列女装，CLO3D 列举了两组创新设计女性服装，最后针对 CLO3D 进行了拓展说明，以期读者能对 CLO3D 软件有更为细致的了解。

第一节　服装CAD创意纸样设计实践

在服装 CAD 的应用方面，设计师要学会如何利用这一工具创建独特而精准的纸样设计。通过数字化技术，设计师能够迅速转化创意概念为具体的设计方案，实现快速的设计验证。该软件的强大功能使得调整尺寸、形状和细节变得更加容易，从而提高设计的灵活性和精度。本节还将介绍服装 CAD 在样板制作和多样化设计中的应用。

本系列设计以民国旗袍为主，寻求能够日常穿着的、满足大众审美需求的国潮服饰，主题灵感来源于博物馆中的水墨山水画。所谓水墨山水画就是画家通过用笔的技巧，以墨色来呈现所要表达的主体。在技法娴熟的背景下，每个画家都各有长处，有的讲究浓淡交融，有的主张以形写神。但墨的表现形式主要分为五色，分别是浓、淡、干、湿和焦。水墨山水画始于唐代、成于宋代、盛于元代，属于庞大的中国画体系中的分支，在中国画坛占有重要的地位，因此将中国水墨山水画提取成图案融入服装中。在服饰设计风格方面，主要对民国旗袍的式样进行解读，通过对民国旗袍的局部造型和装饰等元素进行拆解，选用其中的可行性元素，并结合当代国潮服饰的廓形特征、设计手法以及时尚审美来进行全新的国潮服饰设计。

此服饰系列的设计并非还原民国旗袍的式样，而是对其进行借鉴和创新，赋予其新的审美价值，使其适穿群体更为广泛，更利于被喜爱民国旗袍式样和国潮服饰的民众所接受与喜爱，促进我国当代国潮服饰行业的发展。

一、创意设计纸样款式一

该款式上衣选用当下国潮服饰流行的开合外衫，领型选用民国旗袍中常见的立领，门襟选用方襟作为上衣的开合处；对于袖型，在民国旗袍原有的泡泡袖上进行了创新设计，此款泡泡袖为单臂分别有一大一小两个泡泡袖，中间在手腕处用平直布料进行连接。下裤裤型选用国潮服饰当下流行的修身喇叭裤，上衣下裤均为修身，整体视觉效果来看为 S 廓型（图 5-1）。

图 5-1　创新设计纸样款式一（袁丽绘）

　　喇叭裤规格见表 5-1。创意设计纸样款式一中裤子的 CAD 制板较为简单，主要注意裤脚需要外扩、放开，CAD 结构如图 5-2 所示。

表 5-1　喇叭裤规格　　　　　　　　　　　　　　　　　单位：cm

部位	裤长	臀围	腰围	裆深	脚口	膝围	立裆
尺寸	106	103	80	27	70	32	22.5

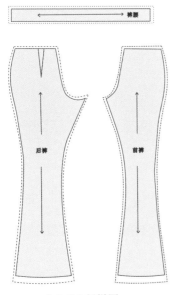

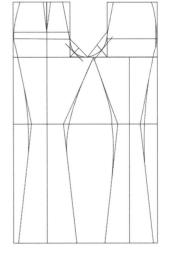

（a）CAD 纸样图　　　　　　　　　　　　　（b）CAD 结构图

图 5-2　喇叭裤 CAD 结构（袁丽绘）

创意设计纸样款式一中泡泡袖短上衣规格见表 5-2，短上衣的 CAD 结构如图 5-3 所示。值得注意的是，袖子有造型的设计，因此板型上有变化，需要外展部分余量。

表 5-2　泡泡袖短上衣规格　　　　　　　　　　　　　　　　　单位：cm

部位	衣长	胸围	腰围	肩宽	领围	袖长	袖口
尺寸	60	92	86	48	40	45	30

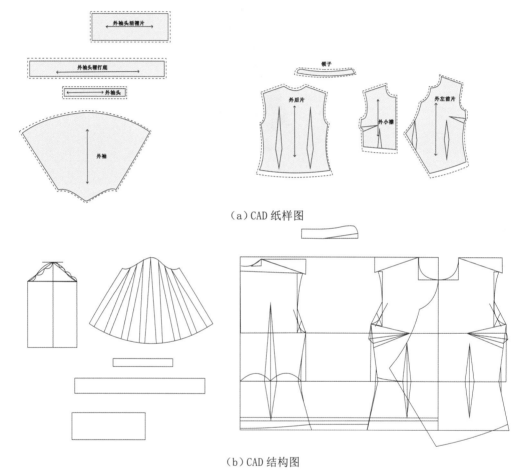

（a）CAD 纸样图

（b）CAD 结构图

图 5-3　泡泡袖短上衣 CAD 结构（袁丽绘）

二、创意设计纸样款式二

首先，在内搭的选择上选用修身包臀的连衣裙，其后背采用当代国潮服饰设计中流行的镂空设计，露出女性优美的背部线条。整套服饰对民国旗袍式样的沿用主要是领型和廓形，内搭修身包臀的连衣裙的领型选用民国旗袍式样中常见的立领，民国旗袍式样中的立领与当代国潮服饰镂空的设计手法相结合，再匹配包臀设计，既展现了女性的肩部线条和背部线条，又凸显女性身体的自然曲线美（图 5-4），服装数据详见表 5-3。

图 5-4　创新设计纸样款式二（袁丽绘）

　　在外套上，袖山部分有一个镂空的设计，因此在绘制 CAD 制板图时需要特别注意。外套中还在腰身处有可拆卸的拖地纱裙设计，整套服饰从背面看胜似一件若隐若现的连衣裙，其 CAD 结构如图 5-5 所示。

表 5-3　短外套规格　　　　　　　　　　　　　　　　　　　　　　　　　　　　单位：cm

部位	衣长	纱裙长	胸围	腰围	肩宽	领围	袖长	袖口
尺寸	58	70	92	84	48	45	40	30

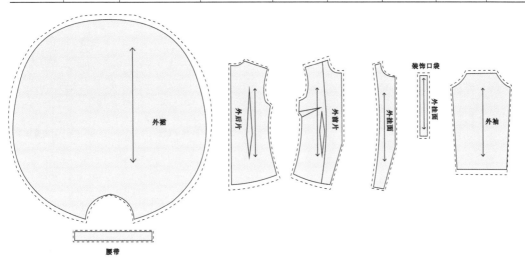

（a）CAD 纸样图

图 5-5

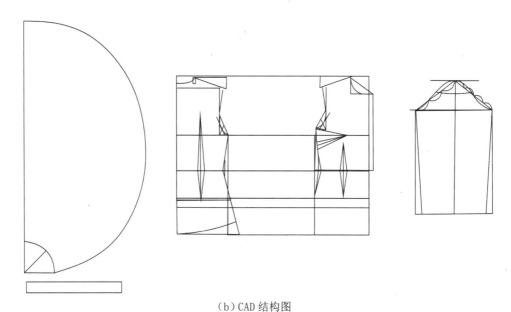

（b）CAD 结构图

图 5-5　短外套 CAD 结构（袁丽绘）

包臀连衣裙没有袖子，在制图上值得注意下摆有放摆和褶皱的处理，包臀的连衣裙规格见表 5-4 其 CAD 结构如图 5-6 所示。

表 5-4　包臀的连衣裙规格　　　　　　　　　　　　　　　　　单位：cm

部位	衣长	胸围	腰围	肩宽	领围	臀围
尺寸	107	92	84	48	40	88

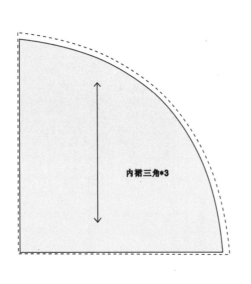

（a）CAD 纸样图

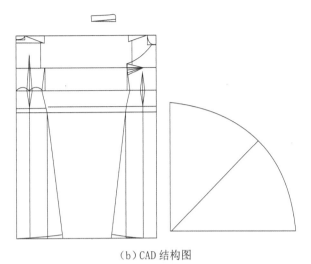

（b）CAD 结构图

图 5-6 包臀连衣裙 CAD 结构（袁丽绘）

三、创意设计纸样款式三

此款式为假两件式的衣裳连属形制。沿用了民国服饰的衣领、门襟和衣袖，领型选用民国旗袍式样中常见的立领，门襟选用民国旗袍式样中的双圆襟，既能对上衣起到开合的功能，又具有美观的装饰性功能，袖型选用民国旗袍式样中的长直袖。另外在腰身处多处为两片裁片，其设计手法是流行的不对称拼接设计，更能凸显腰部和臀部的曲线，如图 5-7 所示。

图 5-7 创新设计纸样款式三（袁丽绘）

外套为不对称设计，左边为 A 字摆的长下摆，右边为波浪裙的短下摆，规格见表 5-5。同时门襟为斜门襟，其 CAD 结构如图 5-8 所示。

表 5-5　不对称外套规格　　　　　　　　　　　　　　　单位：cm

部位	衣长	胸围	腰围	肩宽	领围	袖长	袖口
尺寸	80	92	84	48	45	40	30

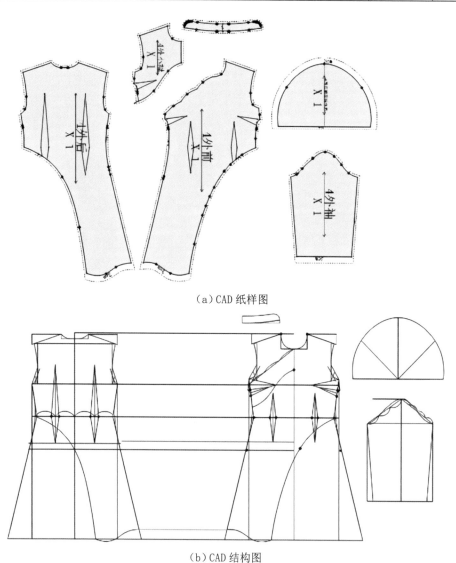

（a）CAD 纸样图

（b）CAD 结构图

图 5-8　不对称外套 CAD 结构（袁丽绘）

款式为普通包臀裙，CAD 制图相对比较简单规格见表 5-6，其 CAD 结构如图 5-9 所示。

表 5-6　包臀裙规格　　　　　　　　　　　　　　　　　单位：cm

部位	裙长	臀围	腰围	腰宽	大腿围	小腿围	下摆
尺寸	70	90	80	3	64	48	156

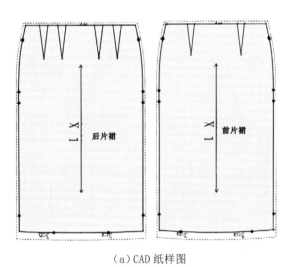
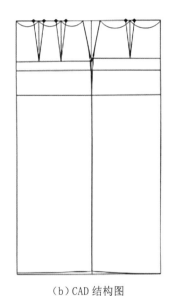

（a）CAD 纸样图　　　　　　　　　　　　　　（b）CAD 结构图

图 5-9　包臀裙 CAD 结构（袁丽绘）

四、创意设计纸样款式四

上衣为肚兜形的吊带，裤型为流行的阔腿裤。此款服饰的亮点是其外搭，外搭一体式罩衫，在其廓形上沿用民国旗袍式样中的 A 廓形，并且领型选用民国旗袍式样中常用的立领。门襟是旗袍式样中门襟造型的曲襟，作为外衫的开合处，袖型选用民国旗袍式样中的长直袖。整体设计的新颖之处在于对曲襟的底部进行高开衩设计，如图 5-10 所示。

图 5-10　创新设计纸样款式四（袁丽绘）

肚兜的制板涉及的数据比较少（表5-7）。在制图中一定要注意把握肚兜的整体造型设计以及合体设计，其CAD结构如图5-11所示。

表5-7　肚兜规格　　　　　　　　　　　　　　　　　　单位：cm

部位	前衣长	后衣长	胸围	腰围
尺寸	40	25	84	74

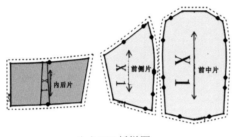 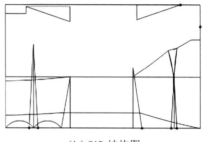

（a）CAD纸样图　　　　　　　　　　　　　（b）CAD结构图

图5-11　肚兜CAD结构（袁丽绘）

此款薄纱长外套产中前片不对称，因此需要单独制板，需要注意右前片的分割、开衩设计，服装整体板片比较多，制板时可以适当做上标记，数据见表5-8，其CAD结构如图5-12所示。

表5-8　薄纱长外套规格　　　　　　　　　　　　　　　　单位：cm

部位	衣长	胸围	腰围	肩宽	领围	袖长	袖口
尺寸	110	96	80	38	40	65	38

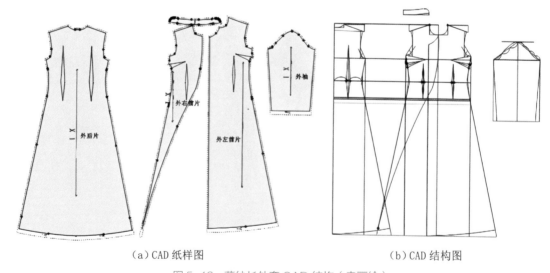

（a）CAD纸样图　　　　　　　　　　　　　（b）CAD结构图

图5-12　薄纱长外套CAD结构（袁丽绘）

此款阔腿裤放量主要集中在前片，后片无须做放量处理，主要数据见表5-9，其CAD结构如图5-13所示。

部位	裤长	臀围	腰围	裆深	大腿围	小腿围	脚口
尺寸	96	108	80	27	66	66	66

表 5-9　阔腿裤规格　　　　　　　　　　　　　　　单位：cm

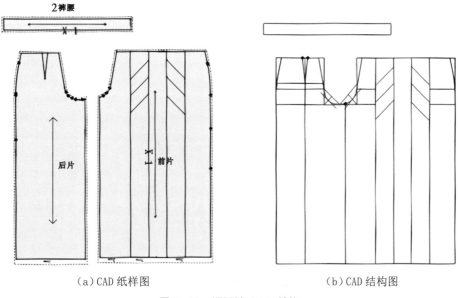

（a）CAD 纸样图　　　　　　　　　　　　（b）CAD 结构图

图 5-13　阔腿裤 CAD 结构

第二节　CLO3D创意纸样设计实践

　　CLO3D 在创意纸样设计实践中扮演着至关重要的角色。其先进的三维建模和仿真功能使设计师能够以更直观、高效的方式呈现其创意概念，并在虚拟环境中实时预览和调整设计。通过CLO3D，设计师能够快速创建和修改服装纸样，从而加速设计过程，减少时间和资源的浪费。此外，CLO3D 的仿真功能允许设计师模拟面料的流动、质感和适应性，为设计提供更为真实的呈现，有助于尽早发现并解决潜在的设计问题。通过 CLO3D 进行纸样设计实践，设计师能够更好地理解其设计在实际生产中的表现，从而提高设计的质量和可行性。总体而言，CLO3D 在创意纸样设计实践中的应用，不仅提升了设计效率，而且为设计过程注入更多创新和可持续发展的可能性。

一、创意服装设计系列一

　　本系列创意服装一共有四套，可以通过 CLO3D 直接生成纸样，或者通过 CAD 进行制板，将 DXF 格式的 CAD 纸样导入 CLO3D 纸样中，最后进行虚拟试衣。具有设计感的服装需要精心构思和巧妙运用设计理念。设计师可以选择独特的主题，本系列主题是以自然元素为主，以此为基础构建设计的灵感。以特殊的裁剪方式与针织面料相结合，从而形成自然元素的服装系列。在服装 CAD 软件中，通过精准的绘制和虚拟建模，可以更好地呈现设计师的创意。图 5-14 所示是第一套服装的纸样设计。该系列是高领毛衣上衣与翻领裙，只在 CLO3D 虚拟试衣软件中完成，也可以直接在 2D 窗口进行制板修改，如图 5-15 所示。

在设计中可随时进行调整和修改。此外，熟练掌握 CAD 和 CLO3D 的设计功能，能够更高效地将设计理念转化为实际的服装图稿。通过不断的尝试和改进，可以打磨出更具设计感的服装设计。

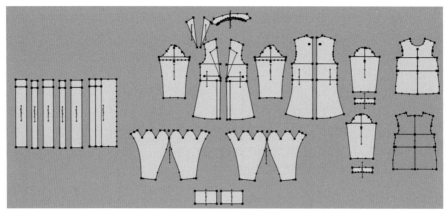

图 5-14　第一套服装的纸样设计（莫洁诗绘）

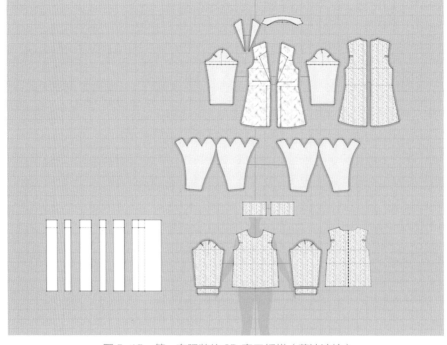

图 5-15　第一套服装的 2D 窗口纸样（莫洁诗绘）

图 5-16 所示为第一套服装的虚拟试衣效果，图中展示的是 3D 虚拟试衣不同角度视角下呈现出的样子。

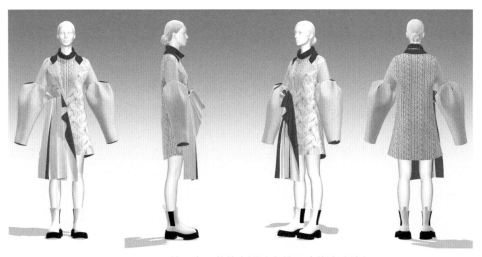

图 5-16　第一套服装的虚拟试衣效果（莫洁诗绘）

在绘制过程中需要注意以下几点。

（1）比例和尺寸。确保服装在虚拟模型上的比例和尺寸合理。细致的比例调整可以影响服装的整体美感和穿着效果。

（2）模型体态。在服装 CAD 中，可以选择不同的虚拟模型来展示设计，设计师要注意选择合适的体态，以更好地展现服装的剪裁和流线。

（3）材质和质感。使用 CAD 软件可以模拟不同材质的质感，如丝绸、棉布、皮革等。通过合适的质感设置，能够更真实地展现设计的面料特性。

（4）模型体态。在服装 CAD 中，可以选择不同的虚拟模型来展示设计，设计师要注意选择合适的体态，以更好地展现服装的剪裁和流线。

（5）细节设计。利用 CLO3D 软件可以轻松地添加和调整细节，如图案、刺绣、纹理等。这些细节可以为服装增色不少，让设计更有层次感。

图 5-17 所示为第一套服装渲染后的虚拟试衣展示。值得注意的是，由于是不规则设计，因此要考虑到确保穿着舒适，特别是在毛衣裙这类贴身的服装中，要注重布料的选择和裁剪的合理性。由于

图 5-17　第一套服装渲染后的虚拟试衣展示
（莫洁诗绘）

裙子设计已经足够独特，搭配上可以选择简洁的配饰和鞋子，突出整体造型的主角，也因此选用了简约大方的浅色马丁靴。

第二套服装的纸样设计如图 5-18 所示，绘制步骤可参照前面介绍的使用富怡服装 CAD 的详细步骤与注意事项。第二套服装的 2D 窗口纸样见图 5-19。

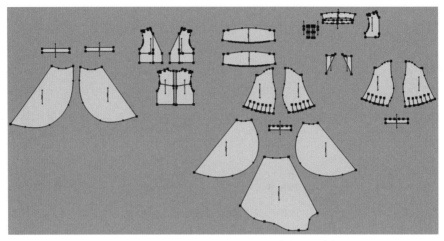

图 5-18　第二套服装的纸样设计（莫洁诗绘）

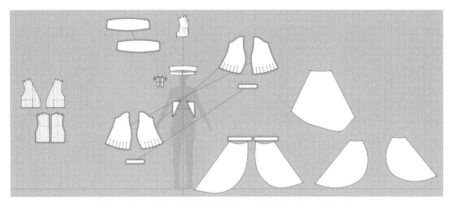

图 5-19　第二套服装的 2D 窗口纸样（莫洁诗绘）

这个系列服装为一套叠加的不规则毛衣裙套装，这款不规则毛衣裙的设计灵感源自自然的美丽和变化。设计师通过模拟大自然中的曲线和不规则形状，打破传统裙装的规则，利用毛衣的纹理和编织方式，打造出丰富的质感。可以通过交错的编织、奇特的花纹和立体的设计来营造出独特的手工感，使整体更加有趣。通过设计独特的肩线，使整体裙装更富有动感，同时突显穿着者的独特气质。在腰部巧妙地加入一些装饰，如腰带，既可以起到点缀作用，又能够平衡整体造型。

可以通过不同角度的展示，让大众能更好地直观感受这款不规则毛衣裙的设计细节和特色，展现出一种与自然相融合的时尚美感，让穿着者在独特中彰显个性。第二套服装渲染后的效果如图 5-20 和图 5-21 所示。

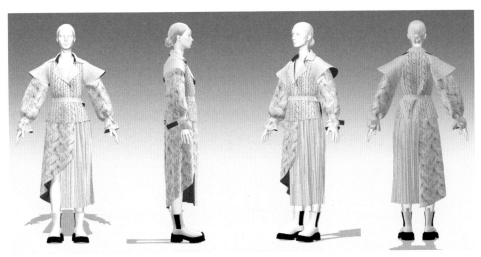

图 5-20　第二套服装的 3D 效果（莫洁诗绘）

第三套服装的纸样设计如图 5-22 所示，绘制步骤可参照前面介绍的使用富怡服装 CAD 的详细步骤与注意事项。第三套服装的 2D 窗口纸样见图 5-23。

该款式为两件套，上衣为带褶皱的翻领灯笼袖上衣，下装为不规则裙子，主要面料为呢子面料与针织面料。这款两件套的设计灵感注入了优雅与不规则，通过独特的设计元素展现女性的自信与独立。上衣采用翻领灯笼袖设计，展现出柔美的气质，而下装则以不规则裙子为亮点，散发出独特而富有层次感的时尚。上衣翻领的设计增加了整体造型的层次感，同时带褶皱的灯笼袖营造出轻盈飘逸的感觉。翻领的优雅贵气与灯笼袖的俏皮元素形成有趣的对比，展现出女性多面的个性，不规则裙子为整套造型注入了前卫感。

图 5-21　第二套服装渲染后的效果
（莫洁诗绘）

主要选用毛呢面料和针织面料，毛呢面料为整体造型提供了典雅质感，而针织面料则赋予了舒适的穿着感。两种面料的巧妙组合，使整套服装既保留了优雅氛围，又展现了时尚前卫，通过不同元素的独特组合，呈现出一种优雅而不拘泥的时尚风格。在穿着中展现女性的自信、独立和时尚品位，是一款适合追求个性与品位的现代女性的理想选择。第三套服装的 3D 不同角度效果见图 5-24。在 CLO3D 的虚拟模拟中，模特身上的服装不仅可以 360° 展示，更可以呈现出不同角度下的细节与流动感。这为设计者提供了更多元的设计体验，使其能够更好地调整设计细节以达到完美的视觉效果。

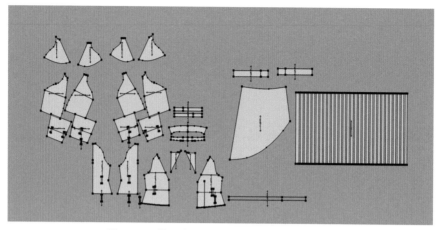

图 5-22　第三套服装的纸样设计（莫洁诗绘）

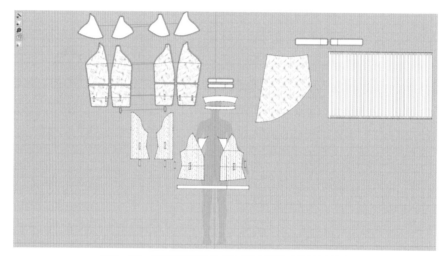

图 5-23　第三套服装的 2D 窗口纸样（莫洁诗绘）

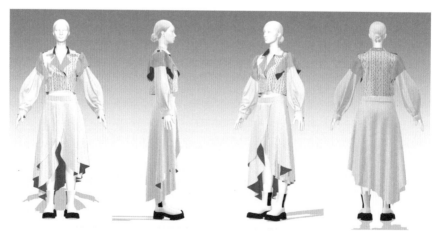

图 5-24　第三套服装的 3D 不同角度效果（莫洁诗绘）

CLO3D 渲染后的视觉效应在这套服装设计中呈现出令人陶醉的细腻之美。上衣翻领灯笼袖的设计在虚拟画面中展现出流动感十足的轻盈飘逸，仿佛柔软的羽毛在微风中舞动。渲染出的褶皱细节清晰可见，翻领则以柔美的曲线勾勒出高贵典雅的线条，而不规则裙子在 CLO3D 的渲染下显得更加富有层次感。毛呢面料的细腻质感在虚拟画面中得到了真实的还原，仿佛可以触摸到其丝滑触感。

针织面料展现出自然的弹性，使得裙子在不规则设计中流动起伏，呈现出一种独特的艺术美感，如图 5-25 所示。总体而言，CLO3D 渲染后的效果使这套服装设计在虚拟世界中得以生动呈现，捕捉到设计理念中的优雅与不规则之美，为观者呈现出一场视觉盛宴。

第四套服装主要以不规则袖子拼接大衣搭配阔腿裤，希望通过独特的袖子拼接和阔腿裤的设计，表达一种动感不羁的时尚艺术，使穿着者在舒适中散发出前卫而自信的氛围。

图 5-25　第三套服装渲染后的效果
（莫洁诗绘）

大衣的袖子采用不对称的拼接设计，通过不同材质、颜色或图案的组合，打破传统袖子的单调，展现出一种前卫的时尚态度。这种不规则的拼接不仅丰富了视觉层次，而且为整体造型增添了一抹独特的个性。阔腿裤以宽松的裤型展现出舒适感，同时通过设计独特的剪裁和拼接，使整体裤子呈现出有趣的几何形状。这种设计不仅为穿着者提供了自由的运动感，而且使裤子在走动时呈现出流动的线条，增强了时尚的艺术感。

第四套服装的纸样设计与 2D 窗口纸样分别见图 5-26 和图 5-27，虚拟试衣效果分别见图 5-28 和图 5-29。

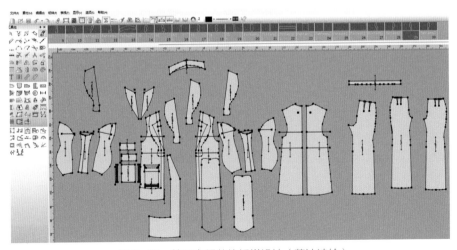

图 5-26　第四套服装的纸样设计（莫洁诗绘）

143

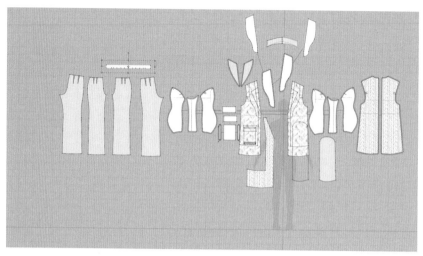

图 5-27　第四套服装的 2D 窗口纸样（莫洁诗绘）

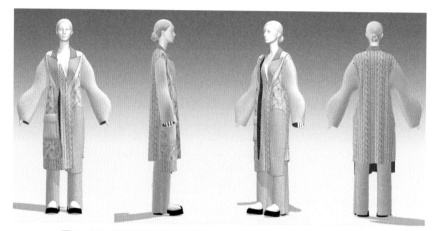

图 5-28　第四套服装在不同角度下的虚拟试衣效果（莫洁诗绘）

图 5-29　第四套服装渲染后的虚拟试衣效果（莫洁诗绘）

四套服装渲染后的虚拟试衣效果如图5-30所示。

图5-30　四套服装渲染后的虚拟试衣效果（莫洁诗绘）

二、创意服装设计系列二

本系列创意服装一共有四套，设计灵感来源于侘寂风格，系列设计追求自然和不完美的格调。侘寂风格中的"寂"，本意为静默，彰显了时间的流逝，表现出接纳时间的痕迹，营造出时光往复的平静。本系列色彩与植物拓染相结合，款式上以宽松舒适为主，面料上选用了亚麻与棉麻材质，具有良好的透气性和吸湿性，能够给人们带来舒适的穿着体验，也诠释了侘寂风格中自然、简约、质朴的美学理念。

服装CAD和CLO3D广泛应用于目前的服装市场，各自具有独特的功能和优势，可以帮助设计师更加高效、精确地设计服装。服装CAD和CLO3D可以相互补充，形成完整的设计流程。设计师可以先使用CAD软件绘制精确的2D图案，然后将其导入CLO3D中进行3D模拟和可视化。通过这种方式，设计师可以在整个设计过程中保持对服装的精确控制，并从多个角度预估成衣效果。第一套服装的CAD纸样如图5-31所示，绘制步骤可参照前面介绍的使用富怡服装CAD的详细步骤与注意事项。CLO3D中第一套服装的2D窗口纸样见图5-32。

此款式为两件套，外搭为高领开襟长外套，内搭为拼接褶皱长裙。这套服装展现出一种优雅而富有层次的美感，完美融合了经典与现代的设计元素。外搭的高领开襟长外套是整体造型的亮点之一。它采用高领设计，优雅地环绕着颈部线条，为整体增添了一抹高贵与神秘的气质。开襟的设计使得外套在职业、随性之间找到了完美的平衡，既展现出一种端庄大方的风采，又不失轻松自在的时尚感。长款的外套剪裁合身，线条流畅，无论是敞开穿着还是系上纽扣，都能展现出穿着者的优雅身姿。拼接褶皱长裙则是整体造型的另一大看点。这条长裙采用拼接设计，将不同材质、颜色或图案的面料巧妙地融合在一起，形成独特的视觉效果。褶皱的处理使得裙摆呈现出丰富的层次感和动态美,随着步伐的摆动而翩翩起舞,仿佛是一幅流动的画卷。长裙的长度适中,与外套相得益彰,共同营造出一种优雅而浪漫的氛围。

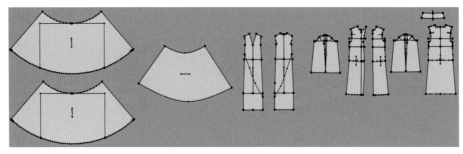

图 5-31　第一套服装的 CAD 纸样(李亮翔绘)

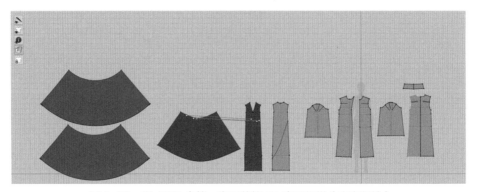

图 5-32　CLO3D 中第一套服装的 2D 窗口纸样(李亮翔绘)

　　这套服装在色彩搭配上也非常考究,外套与长裙的色彩相互呼应,既保持了整体的和谐统一,又通过微妙的色差变化增添了视觉上的层次感。无论是出席正式场合还是日常穿着,这套服装都能让穿着者成为众人瞩目的焦点,图 5-33 所示是第一套服装在不同角度下的虚拟试穿效果。

图 5-33　第一套服装在不同角度下的虚拟试穿效果(李亮翔绘)

第二套服装的 CAD 纸样如图 5-34 所示,绘制步骤可参照前面介绍的使用富怡服装 CAD 的详细步骤与注意事项。CLO3D 中第二套服装的 2D 窗口纸样见图 5-35。

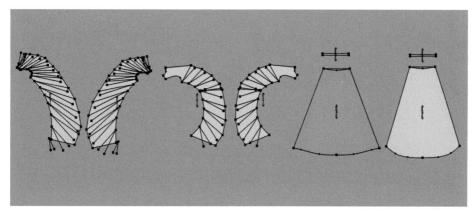

图 5-34　第二套服装的 CAD 纸样(李亮翔绘)

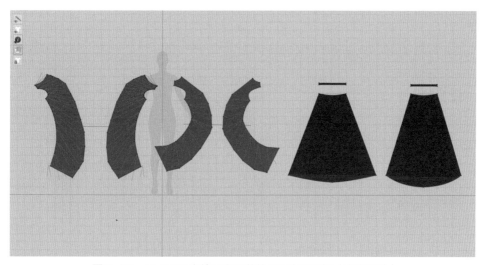

图 5-35　CLO3D 中第二套服装的 2D 窗口纸样(李亮翔绘)

　　此款式为两件套,上衣是背心荡领褶皱长裙,下装是波浪长裙。这套服装以简约大气的设计,彰显出女性的柔美和浪漫气质。上衣款式别致且富有创意,荡领设计赋予了上衣一种动感和流畅性,随着穿着者的动作而轻轻摇曳,仿佛是在诉说着一种优雅与自由的故事。褶皱元素则巧妙地融入了长裙的设计中,使得裙摆呈现出丰富的层次感和立体感,如同水波荡漾般迷人。下装与上衣的设计风格相得益彰。波浪形的裙摆设计独特,线条流畅而优雅,仿佛是大海中的波浪在轻轻翻滚。这种设计不仅赋予了长裙一种动态的美感,也使得穿着者在行走时更加灵动和飘逸。

　　这套服装在面料的选择上也十分考究,柔软而舒适的面料贴合肌肤,穿着起来既舒适又轻盈。同时,上衣和下装的色彩搭配也恰到好处,既保持了整体的和谐统一,又通过微妙的色彩变化增添了服装的层次感和视觉冲击力。图 5-36 所示是第二套服装在不同角度下的虚拟试穿效果。

图 5-36　第二套服装在不同角度下的虚拟试穿效果（李亮翔绘）

第三套服装的 CAD 纸样如图 5-37 所示，绘制步骤可参照前面介绍的使用富怡服装 CAD 的详细步骤与注意事项。CLO3D 中第三套服装的 2D 窗口纸样见图 5-38。

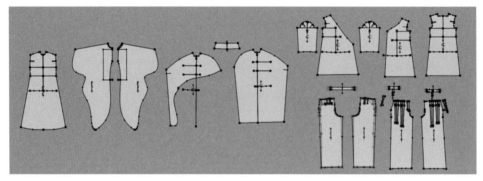

图 5-37　第三套服装的 CAD 纸样（李亮翔绘）

图 5-38　CLO3D 中第三套服装的 2D 窗口纸样（李亮翔绘）

此款式为三件套，外搭是高领不规则波浪长披肩，内搭是长袖宽松上衣与阔腿裤。这套服装展现了时尚个性的独特魅力，外搭的高领不规则波浪长披肩，如同流水般自然起伏，线条优雅且充满动感。高领设计既保暖又凸显气质，不规则波浪下摆则打破了传统披肩的刻板印象，增添了几分随性与不羁。长款设计更是能够随风飘扬，为整体造型增添一抹飘逸的美感。内搭的长袖宽松上衣与阔腿裤，则构成了一种舒适而自在的穿着体验。上衣采用宽松剪裁，不束缚身体，让穿着者在保持时尚的同时也能感受到舒适与自在。下身的阔腿裤与上衣的风格相得益彰，宽松的裤腿随着步伐摆动，展现出一种潇洒与率性的态度。同时，阔腿裤的剪裁也能够很好地修饰腿型，让穿着者的身材更加完美。

　　这套服装在色彩搭配上也十分出色，外搭的披肩与内搭的上衣、阔腿裤在色彩上相互呼应，既保持了整体的和谐统一，又通过色彩的层次感彰显出服装的时尚感。图 5-39 所示是第三套服装在不同角度下的虚拟试穿效果。

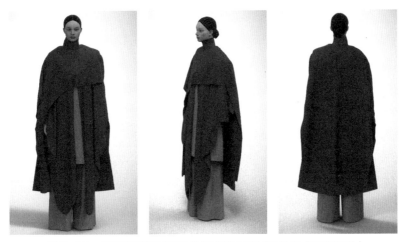

图 5-39　第三套服装在不同角度下的虚拟试穿效果（李亮翔绘）

　　第四套服装的 CAD 纸样如图 5-40 所示，绘制步骤可参照前面介绍的使用富怡服装 CAD 的详细步骤与注意事项。CLO3D 中第四套服装的 2D 窗口纸样见图 5-41。

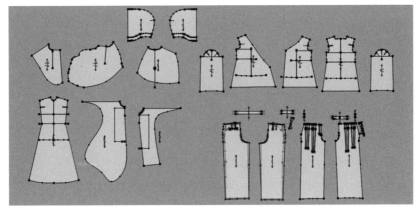

图 5-40　第四套服装的 CAD 纸样（李亮翔绘）

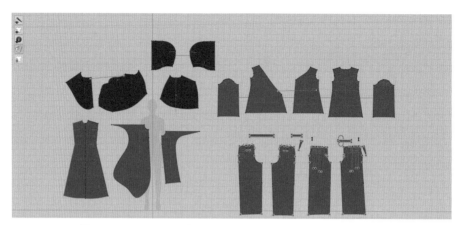

图 5-41　CLO3D 中第四套服装的 2D 窗口纸样（李亮翔绘）

　　此款式为三件套，上装是一件连帽短款披肩和一件长袖不规则分片上衣，下装是阔腿裤。这套服装设计更具个性与层次感。上装的连帽短款披肩是整套服装的亮点之一，连帽为整体增添了一份休闲与活力。短款剪裁使得披肩更加精致利落，不显得拖沓，同时也能够很好地展现出腰部线条，凸显身材比例。披肩的材质柔软舒适，轻盈透气，穿着起来既保暖又不失时尚感。长袖不规则分片上衣与连帽短款披肩的搭配相得益彰。上衣采用不规则分片设计，打破了传统上衣的沉闷感，增添了几分创意与时尚。上衣的材质与披肩相协调，穿着起来舒适自然。下装的阔腿裤则为整套服装增添了一份优雅与大气。阔腿裤的剪裁宽松舒适，不束缚腿部，让穿着者能够自由活动。同时，裤腿的宽松设计也能够很好地修饰腿型，让身材更加完美。裤子的材质垂感良好，穿着起来既显得高挑又显瘦。

　　这套服装在色彩搭配上也非常考究，上装的披肩与上衣采用相近的色彩或对比色进行搭配，既保持了整体的和谐统一，又突显出层次感。下装的阔腿裤则选择与上装相协调的色彩进行搭配，使得整套服装在视觉上更加协调美观。图 5-42 所示是第四套服装在不同角度下的虚拟试穿效果。

图 5-42　第四套服装在不同角度下的虚拟试穿效果（李亮翔绘）

第三节　CLO3D拓展工具

一、模块化设计

在现代服装设计的领域中，模块化设计是一种创新且高效的方法，它允许设计师通过组合预先制作的各种元素来创建新的设计。CLO3D 作为一个先进的 3D 服装设计软件，提供了强大的模块化设计功能，这极大地简化了设计过程，同时也为创意的实现提供了更多可能性。

（一）模块化设计的基本概念

模块化设计在 CLO3D 中指的是将服装分解为多个独立的部分或模块，比如袖子、领口、衣兜等。这些模块可以独立设计和修改，然后组合到不同的服装样式中。这种方法的优点在于，它允许设计师快速迭代和试验不同的设计组合，而无须每次都从头开始设计。

（二）CLO3D 中实现模块化设计的步骤

1. 模块的创建和管理

在 CLO3D 中，首先需要创建或选择所需的模块。这可以通过使用标准图案库来完成，或者通过定制和保存自己的设计模块。通过 CLO3D 的库管理系统，可以有效地组织和访问这些模块。

2. 模块的应用与调整

选择一个基本的服装形状作为起点，然后将不同的模块应用到这个基础上。模块可以根据需要进行调整，包括尺寸、形状和位置的修改。

3. 材料和纹理的应用

为每个模块选择合适的材料和纹理。CLO3D 提供了广泛的材料库，允许高度自定义和真实感模拟。材料的选择会直接影响服装的最终外观和仿真效果。

4.3D 模拟和评估

完成模块组合后，使用 CLO3D 的 3D 模拟功能查看整体设计。
在这一阶段，可以评估不同模块组合的效果，并根据需要进行微调。

5. 迭代和创新

利用模块化的优势进行快速迭代，尝试不同的组合和风格。这个过程鼓励创新和试验，打破传统设计的局限。

　　模块化设计在 CLO3D 系统中的应用，不仅提高了设计的效率，而且开拓了无限的创造空间。它允许设计师在短时间内探索更多的设计可能性，同时保持高度的灵活性和个性化。随着技术的进步，可以预见，模块化设计将在服装设计领域扮演越来越重要的角色，带领行业向着更加高效和创新的方向发展。

二、面料处理

　　在 CLO3D 软件中，面料处理是创建真实感服装设计的一个关键环节。面料主要有两大模块。第一模块是物理性质的面料，物理特性就是与织物的物理特性有关，模拟织物如何在表面上弯曲、伸展，CLO3D 面料窗口中有原始面料，如丝绸、皮革等面料，会在 3D 窗口显现。第二模块是二维纹理图像，是织物外观所表达的内容，如配色、纹样、编织形式等。只有两者配合处理才能得到理想的面料。

　　以下是 CLO3D 中进行面料处理的基本步骤。

1. 选择面料

　　在 CLO3D 中，首先需要从内置的面料库中选择一种面料。这个库包含各种类型的面料，如棉、丝、羊毛等，每种面料都有其独特的属性和外观，也可以导入自定义的面料图像或扫描数据，直接将素材保存为 jpg 格式后复制到面料库内就能使用。

2. 调整面料属性

　　选择面料后，应根据设计需求调整其物理属性。这包括面料的厚度、重量、弹性、摩擦系数等。

　　CLO3D 提供了详细的参数设置，以模拟不同面料的实际物理行为。

3. 应用面料到图案

　　将所选面料应用到服装图案上。在 2D 图案视图中，可以看到面料覆盖在每个图案片上。根据需要调整面料的方向和布局，以确保在 3D 模型中的外观和挂垂效果。

4. 模拟和评估

　　在应用了面料之后，进行 3D 模拟以查看面料在服装上的实际表现。关注面料的挂垂性、褶皱和整体贴合度，确保它们符合设计意图。

5. 调整和优化

　　根据 3D 模拟的结果，可能需要回到面料属性进行进一步的调整，以达到更好的效果。调整可能包括改变面料的弹性、重量或摩擦属性。

6. 细节处理

考虑到面料的特性，添加适当的设计细节，如缝线、褶皱、衣兜等。

这些细节的添加会进一步增强服装的真实感和吸引力。

7. 最终确认和渲染

在完成所有调整后，进行最终的模拟和确认。

利用 CLO3D 的高级渲染功能，创建高质量的视觉效果，展示面料的质感和服装的整体外观。通过这些步骤，可以在 CLO3D 软件中有效地处理面料，创造出既美观又真实的 3D 服装设计。

三、模特动态展示

在前面章节的 CLO3D 应用实践中，基本上采用的都是比较常见的模特站姿，如图 5-43 所示，因为这样的站姿，方便我们对纸样进行缝合和调整，也能更清晰地观察到模拟后服装在人体上的着装款式。在 CLO3D 中还有其他动态的模特，这些模特可以针对不同款式、面料的服装进行搭配使用，有些动态反而更能表现服装的整体状态。

模特动态姿势一般有常见动态、双手自然垂落、叉腰、扭胯、奔跑、坐立、举手和前平举 8 种，详见二维码。

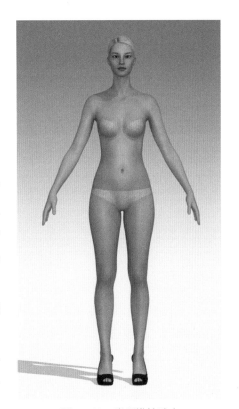

图 5-43　常用模特动态

模特动态展示

第六章
服装CAD与CLO3D作品赏析

本章主要分基础款式服装作品、创新设计服装的CAD纸样和CLO3D虚拟试衣以及CLO3D公司提供的精美服饰作品三部分，不仅展示了服装设计的基本原理和经典款式，还通过CAD纸样的细致解析，揭示了设计过程中的技术细节。首先，基础款式服装作品将展现时尚设计的根基与经典美学。然后，通过对创新设计服装的CAD纸样的深入分析，洞察现代服装设计的技术精髓和创造过程。最后，利用CLO3D这种尖端技术进行虚拟试衣，不仅展示了数字化时代下的创新设计，而且能接触到前沿的虚拟试衣作品，这些作品代表了现代科技与时尚融合的前沿成果。通过这三个模块的综合鉴赏，读者可以全面了解服装设计的传统与创新，见证技术如何在现代服装设计中发挥至关重要的作用。

第一节 基础款式服装作品鉴赏

一、基础款式上衣

1.风衣

风衣是具有防风防水功能的一种功能性服装。本次鉴赏的女士风衣外套，前面是双排扣，领子能开能合，有腰带、肩袢、袖袢、肩章，在胸上和背上有遮盖布，以防雨水渗透，下摆较大，便于活动，纸样图如图6-1所示。

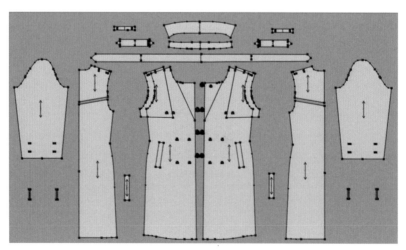

图6-1 女士风衣外套纸样图

女士风衣外套虚拟试衣的操作步骤可以参考前面介绍的操作流程，以下主要展示富怡服装CAD中的纸样，及虚拟试衣的模拟效果图，如图6-2所示。

图6-2　女士风衣外套虚拟试衣效果

2. 立领西装

立领西装适合人们日常生活穿着。本次展示的立领女西装的款式更加合体，可用于日常，立领的开口呈V字形向下延伸。在裁剪上，主要设计了收腰、垫肩等细节，接下来尝试进行立领女西装的虚拟试衣试验。虚拟试衣的具体操作步骤可以参考前面介绍的操作流程。

以下主要展示富怡服装CAD软件中的纸样图及虚拟试衣的模拟效果图，如图6-3和图6-4所示。

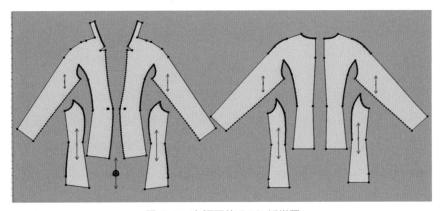

图6-3　立领西装CAD纸样图

图6-4　立领西装虚拟试衣效果

3. 翻领男西装

该西装样板可参照第四章第一节男西装 CAD 设计与制作中的步骤，虚拟试衣的具体操作步骤可以参考前面介绍的操作流程，以下主要展示富怡服装 CAD 软件中的纸样图及虚拟试衣效果如图 6-5 和图 6-6 所示。

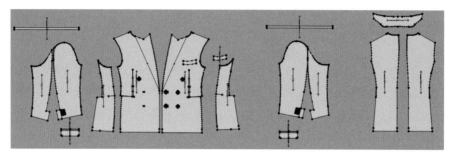

图 6-5　翻领男西装纸样图

图 6-6　翻领男西装虚拟试衣效果

4. 运动上衣

运动上衣属于专用于体育运动竞赛的服装，通常按运动项目的特定要求设计制作。广义上还包括从事户外体育活动穿用的服装。目前，关注运动与健康的人群占比越来越大，尤其近年来强调机能性的产品，运动服装在消费者中的消费占比也在增长，运动服装的普遍需求是轻薄、柔软、耐穿且易洗快干。运动上衣更需要注重服装舒适性，还要具有防护功能，尽可能地减小肌肉受损的风险，以及降低摩擦和阻力。而高性能服装也可以通过结构设计来增加舒适性与合体性。以下进行运动上衣的虚拟服装试验。该款式为基础性立领运动上衣，袖子处有白色条纹装饰，其纸样图如图 6-7 所示。

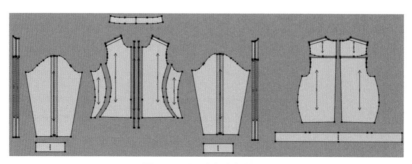

图 6-7　运动上衣纸样图

将 DFX 样板导入 CLO3D 后需要注意缝纫线,选择一款合适的针织面料,并在属性编辑器内选择合适的材质类型,纹理贴图选用合适的花纹装饰,如图 6-8 所示。

图 6-8　运动上衣虚拟试衣效果

5.圆领长袖上衣

这是圆领长袖上衣的富怡服装 CAD 设计纸样图和虚拟试衣图。如图 6-9 和图 6-10 所示,可以看到服装的前视图、后视图和侧视图,包括接缝线、缝合边缘和面料图案布局。同时,还展示了一个 3D 模型穿着这件上衣的虚拟试衣场景,展现了面料在身体上的垂感和整体合身度。圆领长袖上衣的设计需要对细节进行把控,而虚拟试衣则强调了面料的质感和服装的整体合身效果。

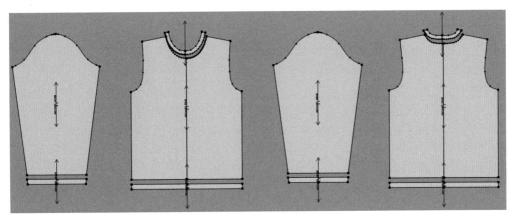

图 6-9　圆领长袖上衣纸样图

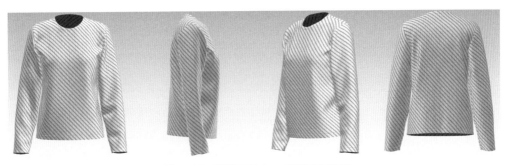

图 6-10　圆领长袖上衣虚拟试衣效果

二、基础款式裤装

1. 运动裤

该服装为运动裤，虚拟试衣的具体操作步骤可以参考前面介绍的操作流程，以下主要展示富怡服装 CAD V10.0 中的纸样图及虚拟试衣效果，如图 6-11 和图 6-12 所示。

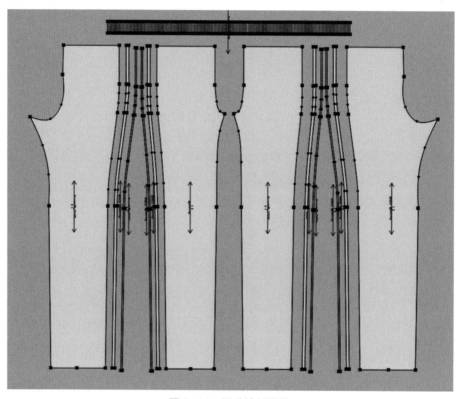

图 6-11　运动裤纸样图

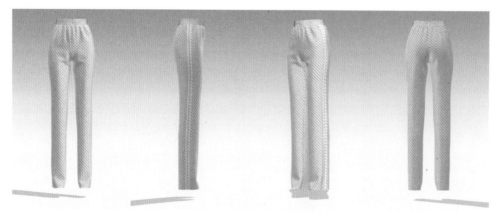

图 6-12　运动裤虚拟试衣效果

2.阔腿裤

阔腿裤起源于20世纪30~40年代，现在属于复古风范畴的款式，但仍然受现代年轻一代的喜爱。本次展示的纸样与虚拟试衣为女士阔腿裤，虚拟试衣的具体操作步骤可以参考前面介绍的操作流程，以下主要展示富怡服装CAD V10.0软件中的纸样图及虚拟试衣效果，如图6-13和图6-14所示。

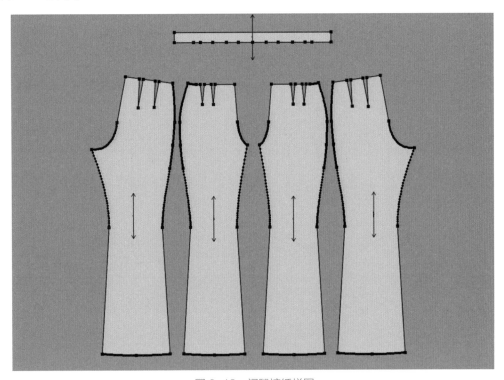

图6-13　阔腿裤纸样图

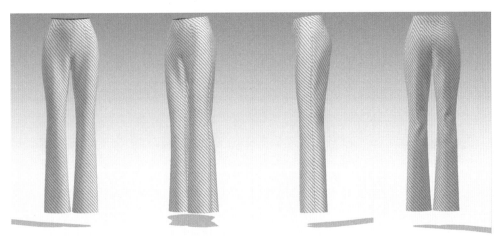

图6-14　阔腿裤虚拟试衣效果

三、基础款式裙装

1. 无袖连衣裙

该服装为无袖连衣裙，虚拟试衣的具体操作步骤可以参考前面介绍的操作流程，以下主要展示富怡 CAD 中的纸样图及虚拟试衣的模拟效果，如图 6-15 和图 6-16 所示。

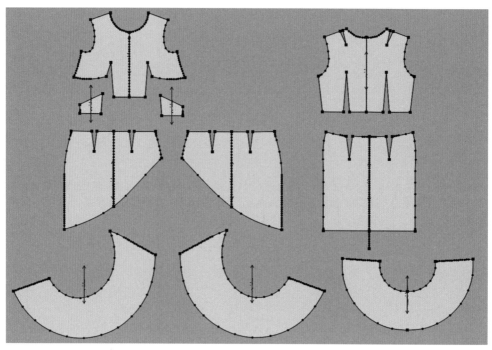

图 6-15　无袖连衣裙纸样图

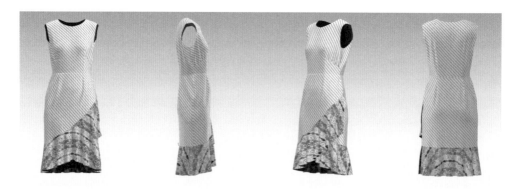

图 6-16　无袖连衣裙虚拟试衣效果

2. 立领连衣裙

该服装为立领连衣裙，虚拟试衣的具体操作步骤可以参考前面介绍的操作流程，以下主要展示富怡服装 CAD 中的纸样图及虚拟试衣效果，如图 6-17 和图 6-18 所示。

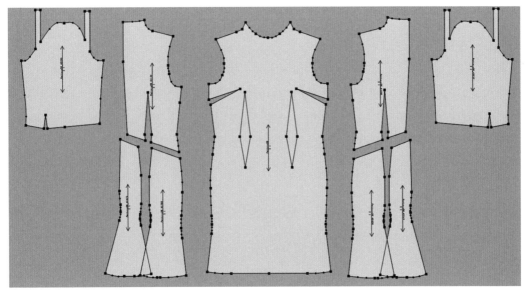

图 6-17　立领连衣裙纸样图

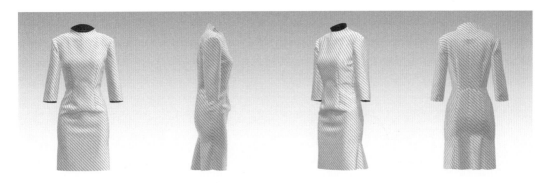

图 6-18　立领连衣裙虚拟试衣效果

第二节　创新服装设计作品赏析

　　服装虚拟模型技术在定制服装设计生产过程中的优势在于以下三点。首先，虚拟服装是 3D 模型，展示效果直观真实，可以支持服装多角度的观察；其次，穿着虚拟服装的虚拟人体同样可以调整尺寸来模拟人体，可以通过目测直观地对体型特征进行判断；最后，虚拟服装制作完成后可构建服装库反复再利用，并可以同时生成板型文件和面料信息，可逐步提升服装开发效率。这些特性意味着将服装虚拟模型纳入服装设计生产环节时，其本身就是服装设计数字化。

　　本书中主要的创新服装分为功能性服装系列、创意连衣裙系列、创意套装系列三大类，主要展示的是富怡服装 CAD V10.0 中的纸样设计，以及将样板导入 CLO3D 的虚拟试衣软件后的试穿部分。

一、功能性服装系列

功能性服装是在满足基本穿着需求的前提下，还具有特殊实用功能服装的总称。功能性服装应在特殊环境下具有抗菌、防霉、透气透湿的功能，如恒温恒湿智能服装可在不同环境下智能调节服装内环境温度，维持穿着者体表温度的相对恒定。因此，功能性服装不仅要考虑特殊的面料材质，还需要考虑其舒适性，其中较为重要的是如何通过服装样板设计增加功能性服装的合体度及舒适性。以下是较为基础的几款功能性服装的虚拟展示。

1. 工装服

工装服最早是劳动时所穿的工作服，后来被用于伞兵制服，现在更多的是展示个性的服装。一般工装衬衫都选用比较耐磨的面料，比如牛仔布、丹宁布和青年布等。款式较为宽松，典型的特征是有较多衣兜，如上衣的正面上下左右各有一个衣兜，领口和袖口都装饰有纽扣或魔术贴，还带有一定防风效果。工装风格的服饰到现在仍是较受欢迎的单品。

工装套装作为创意款式在进行 CLO3D 虚拟试衣的过程中，需着重注意缝纫的方向与顺序问题。工装上衣是连体的一片式板片，缝纫过程较为简单，但在裤装的板片缝纫过程中要了解每个裤兜的位置、大小，以及应与哪块板片进行缝纫都是复杂款式虚拟试衣过程中需要重点考虑的。在虚拟试衣完成后也需要为服装赋予合适的面料与材质，这样才能使得服装的虚拟试衣效果更为真实。其纸样图和虚拟试衣效果分别如图 6-19 及图 6-20 所示。

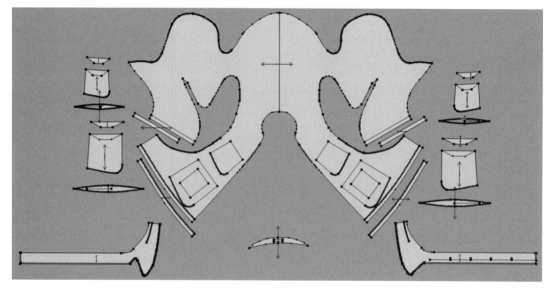

（a）上衣纸样图

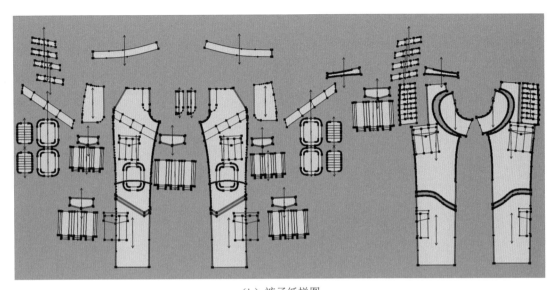

（b）裤子纸样图

图 6-19　工装套装纸样图

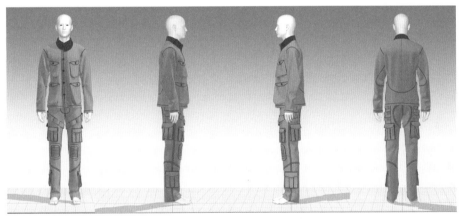

图 6-20　工装套装虚拟试衣效果

2. 户外服装套装

　　户外服装套装有户外环境和运动这两个特点，对服装的要求也相对较为严苛，户外运动需要较好的散热功能来排汗，要求服装散热和透气性能良好；野外难免遇到风雨雪雾，服装还要有防水性能；户外服装还需要有轻便、防风保暖性好的需求；户外洗涤条件有限，服装的抗菌防臭和防沾污性要求高。该类服装的面料大多采用特殊材质，在结构上需要尽量设计成更为舒适的纸样。本次展示的户外服装套装的纸样图与虚拟试衣效果如图 6-21 及图 6-22 所示。

　　户外服装套装作为创意款式，在进行 CLO3D 虚拟试衣的过程中，由于该套装衣片较多，操作过程中应注意区分不同衣片的缝合位置，尽量避免漏缝与错缝的情况。

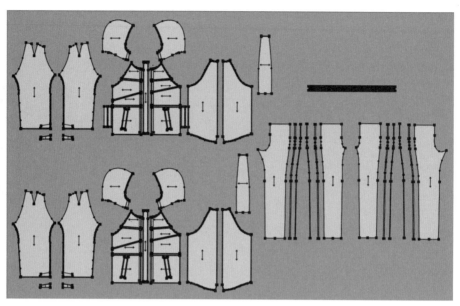

图 6-21　户外服装套装纸样图

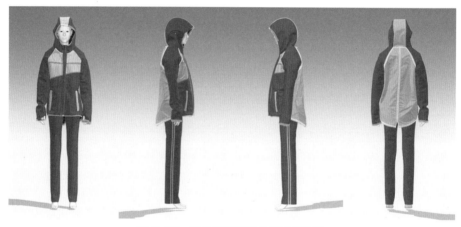

图 6-22　户外服装套装虚拟试衣效果

二、创新连衣裙系列

1. 泡泡袖连衣裙

　　泡泡袖是指在袖山处抽碎褶而篷起呈泡泡状的袖型，是典型的女性化特征的女装局部样式，从视觉效果看是袖山处宽松并鼓起的袖。与普通时装袖相比它有两个特点：一是肩宽要窄，一般用胸宽尺寸代替肩宽尺寸，女装肩宽要比原始肩宽减去 3~4cm 的量，从而满足形成泡状的条件；二是袖山加高才能呈现出泡泡袖的造型。本次展示的泡泡袖连衣裙的纸样图见图 6-23。通过该图可知，该款连衣裙上半部分由泡泡袖片、上衣前后片、领口片组成，样板下半部分由三片纸样组成,在虚拟试穿过程中要结合 2D 样板来缝纫。其结构图和虚拟试衣图的面料为丝绒材质,主色为红色,其面料还有暗花设计,虚拟面料可增加其厚重感与庄严的设计感。袖子是较为复杂的变化款式,在将纸样导入 CLO3D 软件内,在进行板片缝纫过程中需要着重注意的是缝纫的顺序要前后保持一致,在属性编辑器中进行数据的调整与修改,以形成自然的效果,如图 6-24 所示。

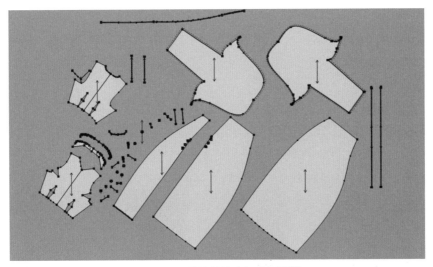

图 6-23　泡泡袖连衣裙的纸样图

图 6-24　泡泡袖连衣裙虚拟试衣效果

2.荷叶边连衣裙

荷叶边连衣裙是将类似荷叶边的衣片装饰在衣领或者裙摆处,一般用弧形或者螺旋的方式裁剪,内弧线缝制在衣片上,外弧线自然散开,形成荷叶状的曲线,或用打褶的形式做成荷叶边,用以增加波浪的起伏角度。荷叶边连衣裙是较为简单的裙子款式,特别要注意裙子不同样片的设计,最后的荷叶边也需要在固定针工具下完成。其纸样图和虚拟试衣效果分别如图 6-25 及图 6-26 所示。

该连衣裙使用的面料具有真皮质感,虚拟服装的呈现效果极佳,具有较高的观赏性,与真实的皮质连衣裙差距不大,具有一定实用价值。

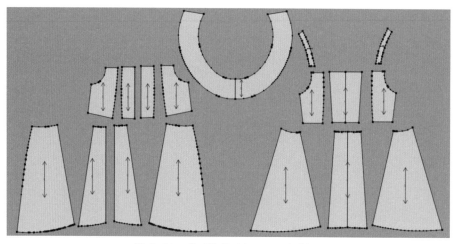

图 6-25　荷叶边连衣裙 CAD 纸样图

图 6-26　荷叶边连衣裙虚拟试衣效果

◁3.▷ 束胸鱼尾连衣裙

随着社会时代潮流的更替，人们对于美的追求不断上升，这也就促进了服装行业的发展，使束胸鱼尾连衣裙的设计有了更广阔的设计空间。无论是骨感还是丰满的女性，都能够展现出自己的另一种风情。束胸鱼尾连衣裙作为女性服装的重要组成部分有着悠久的历史，经过时代的洗礼，束胸鱼尾连衣裙的款式造型更趋多样化，其纸样图和虚拟试衣效果分别如图 6-27 及图 6-28 所示。

束胸鱼尾连衣裙是较为复杂的变化款式，在将板片导入 CLO3D 中后，在进行板片缝

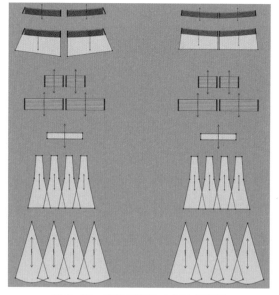

图 6-27　束胸鱼尾连衣裙的纸样图

纫过程中需要着重注意的是鱼尾裙摆中板片的顺序问题，缝纫的顺序要前后保持一致，形成完整的裙摆。除此之外就是抹胸的抽褶设计，要在属性编辑器中进行数据的调整与修改，以形成最为自然的效果。

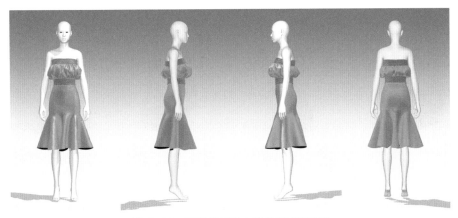

图 6-28 束胸鱼尾连衣裙虚拟试衣效果

4. 背心波浪裙摆连衣裙

　　背心波浪裙摆连衣裙是一种时尚的女装款式，其特点包括无袖的设计、修身的剪裁以及独特的波浪裙摆。这种连衣裙通常采用轻盈的面料，如雪纺、蕾丝或薄纱等，以营造出优雅飘逸的感觉。背心波浪裙摆连衣裙注重展现女性的身材曲线，尤其是腰部和臀部的线条。通常采用贴身剪裁，能够凸显女性的身材优势。此外，波浪裙摆是这款连衣裙的另一个重要特点，通过在裙摆处加入波浪状的褶皱设计，使得整件连衣裙更具动感和流动感。背心波浪裙摆连衣裙适合各种场合穿着，能够展现女性的优美身材，为整体造型增添一份优雅的气质，其纸样图和虚拟试衣效果分别如图 6-29 及图 6-30 所示。

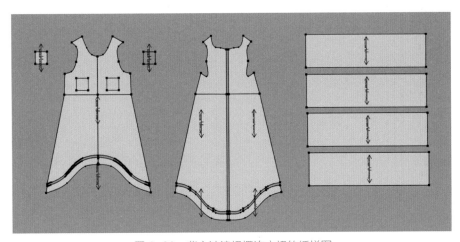

图 6-29 背心波浪裙摆连衣裙的纸样图

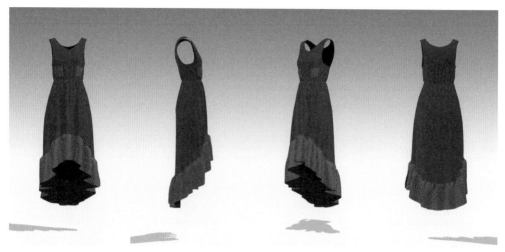

图 6-30　背心波浪裙摆连衣裙虚拟试衣效果

三、创新套装系列

1. 连体衣套装

连体衣套装板片较少，因此缝纫过程较为简单。在衣身的板片缝纫过程中，需要注意的是预留袖口与裤口的位置，将袖口和裤口的样板缝合。腰间束带的缠绕上需要使用 3D 窗口中的固定针工具进行固定，以达到想要的效果。在完成虚拟试衣后进行花纹图案的选择，使得服装更加高级精美。其纸样图和虚拟试衣效果分别如图 6-31 及图 6-32 所示。

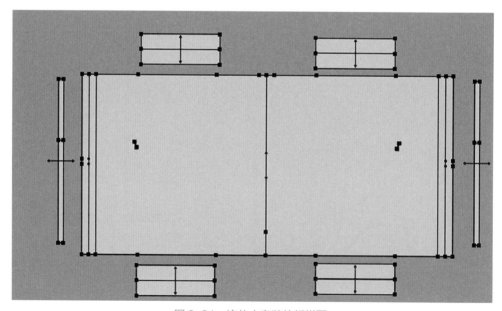

图 6-31　连体衣套装的纸样图

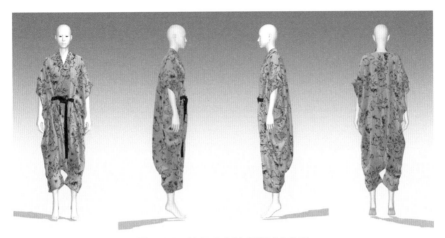

图 6-32　连体衣套装虚拟试衣效果

2. 汉服套装

汉服套装是一种传统的中国服饰，由上衣、下裳、腰饰等多个部分组成。汉服套装的款式和风格非常多样，每种款式都有其独特的特点和风格，但总体来说，汉服套装的剪裁和设计都非常注重人体的曲线美和比例协调。汉服套装随着历史的演变和发展，逐渐形成了自己独特的款式和风格。在现代，汉服套装已经逐渐演变成一种文化爱好者的选择，越来越多的人开始喜欢穿着汉服，体验传统文化的魅力。无论是参加文化活动、婚礼、生日宴会还是日常穿着，汉服套装都能够展现出一种优雅、古典的气质，为人们带来与众不同的视觉享受和文化体验。汉服套装的纸样图和虚拟试衣效果分别如图 6-33 及图 6-34 所示。

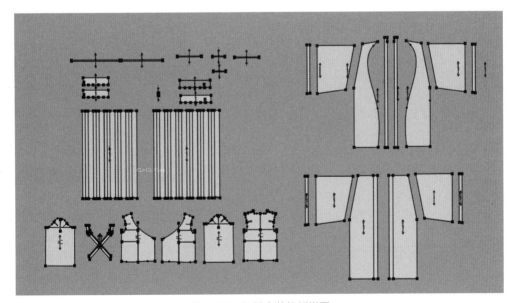

图 6-33　汉服套装的纸样图

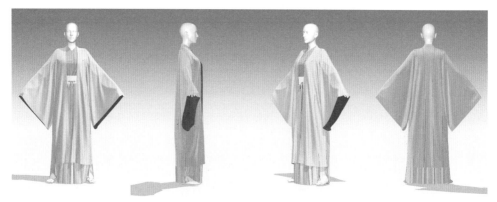

图 6-34　汉服套装虚拟试衣效果

第三节　CLO3D虚拟试衣设计效果图赏析

一、运动服装

"运动""健身""健康""户外"等词成为近几年来时尚名词，包括运动服装也成为消费新宠。特别是在经济复苏下催生的运动服装产业新业态，出现了消费需求及偏好转变，线上、线下运动服装的销售呈现高涨趋势。

图 6-35　健身运动装

运动服装与休闲服装之间的界限越来越模糊并进一步结合，适合运动健身的健身服装也逐步适合旅游、社交、外出购物等，这种全天候运动休闲服装也成为新装潮流，如图 6-35 所示。在 CLO3D 服装虚拟中，若设计的服装偏运动类型，可以选择一些奔跑、跳跃的动态以此来展示运动装。

在 CLO3D 服装虚拟试衣完成后，场景搭建的重要性就体现出来了。从灯光的设计与渲染到虚拟模特的动作的调整与尝试，再配合与服装相配合的场景设计。如此一来能够形成完整的虚拟试衣效果图，效果图的最终效果也会更具有冲击性，观看者也能够身临其境地感受到服装的情感传递，如图 6-36 所示。在运动服装的设计中，同时也需要考虑可持续性、包容性和多样性的特征，新材料、新科技与服装的结合能给服装带来更高品质的创新。

二、礼服

礼服是指在庄重端庄的场合举行仪式时按规定所穿着的服装。男士礼服与女士礼服有所区

图 6-36　运动服装虚拟试衣效果

别，其中女士礼服是以裙装为基础款式特征，男士礼服是以西装为基础款式特征。

如图 6-37 所示为米白色短款抹胸小礼服裙，堆褶的裙摆以及上衣的亮片装饰，构成礼服裙的优雅。在 CLO3D 服装虚拟中完成试衣，也搭建了一个与服装相呼应的场景，特别是镜面元素的巧妙融合，增加了画面层次感的同时，也展示了服装的正反面。如图 6-38 所示，此款式与上一款相同，颜色改为灰绿色，在搭建场景时加入了树林和许多大自然的元素，通过这两款礼服对比不难发现，场景的不同能给服装带来不一样的效果。

图 6-37　米白色短款抹胸小礼服裙

图 6-38　灰绿色礼服裙

171

图 6-39 是从局部上展示礼服裙，突出面料的肌理，这种细节更能使观者清晰、直观地了解面料的材质和特性，也能从总体上观察到服装的视觉效果。

三、职业装

随着社会的多样发展，职业装也在不断地发生变化，除了一些特定的职业外，大部分职业装都朝着更加时尚化、多样化的方向发展，一些功能性较强的职业装，也在不断革新和突破，面料工艺上会融入高科技使其变得更可靠和安全。

如图 6-40 所示为三套不同的职业套装，这种展示方式比较适合系列产品或是橱窗展示，能同时展示出多套服装的搭配效果，了解系列服装的整体设计元素。从多个角度对服装进行展示，能更好地呈现出设计师的想法。

图 6-39　提花蕾丝面料礼服裙

图 6-40　职业装展示

四、配饰

这里的配饰指的是服装配饰，从表面上理解，是除主体时装外，为烘托出更好的表现效果而增加的配饰，其材质多样，种类繁杂。服装配饰逐渐地演变成为服装表现形式的一种延伸，是不可或缺的一部分。

图 6-41 所示是鞋子和包的虚拟效果。在 CLO3D 软件中，要尽可能地表现出鞋子和包的质感、面料、细节、工艺等，越细致、越精细，越能吸引消费者的注意，同时也能规避与实体样品之间的差距。随时代的进步，虚拟的数字化设计逐渐成为设计的主流趋势，也能在很大限度上减少实体样品的生产数量，降低生产成本。

图 6-41　配饰展示 1

除去鞋子和包外，帽子、手套、皮带等在虚拟软件中的设计也非常常见。在虚拟软件中，配饰的展示除应当表现出配饰的款式、细节、工艺、材料外，还需要表达出品牌的"DNA"，如图 6-42 所示。

图 6-42　配饰展示 2

五、服装陈列

服装陈列设计涵盖艺术、时尚、文化、商业等诸多方面，通过展现直观的视觉形象从而引起消费者兴趣并刺激消费活动。服装陈列的方式有多种，如正挂、侧挂，其中货架陈列组合上还有对称法、均衡法、重复法等多种组合形式，因此在应用 CLO3D 软件时，需要考虑服装的特征与货架场景进行结合设计。

图 6-43 和图 6-44 都为龙门架上的服装陈列展示。此服装陈列方式需要考虑摆放的服装数量以及服装款式长短之间的穿插关系，若旁边有人模组合，还需考虑与人模所穿戴的服装相匹配，以便达到就近原则。

图 6-45 所示的服装陈列方式比较具有艺术性，其服装悬挂的高度不太符合日常陈列商场、店铺所在的高度，因此这种服装陈列方式比较适合某些特定主题的展览、设计师集成店或买手店。

图 6-43　服装陈列展示 1

图 6-44　服装陈列展示 2

图6-45 服装陈列展示3

除了以上提到的服装陈列方式外，还有橱窗陈列，它也是服装陈列中重要的一环。橱窗陈列有多种组合方式，最常见的为人模组合或单人与场景的组合（图6-46）。

图6-46 服装陈列展示4

参考文献

[1] 尹玲. 服装 CAD 应用 [M]. 北京：中国纺织出版社，2017.

[2] 刘瑞璞. 服装纸样设计原理与应用女装编 [M]. 北京：中国纺织出版社，2008.

[3] Bina Abling，Kathleen Magio. Integrating：Draping and Drawing [M]. American：Fairchild Books Visuals，2016.

[4] 金宁，王威仪. 服装 CAD 基础与实训 [M]. 北京：中国纺织出版社，2016.

[5] 张辉. 服装 CAD 应用教程 [M]. 北京：中国纺织出版社，2020.

[6] 周琴. 服装 CAD 样板创意设计 [M]. 北京：中国纺织出版社，2020.

[7] 郭瑞良，金宁. 服装 CAD[M]. 北京：中国纺织出版社，2012.

[8] 李金强. 服装 CAD 应用技术 [M]. 北京：中国纺织出版社，2019.

[9] 徐蓼芫，沈岳，赵兵. 服装 CAD 应用技术 [M]. 北京：中国纺织出版社，2015.

[10] 王舒. 3D 服装设计与应用 [M]. 北京：中国纺织出版社，2019.

[11] 李慧，何雪梅，林洪芹. 服装虚拟现实与实现 [M]. 北京：中国纺织出版社. 2015.

[12] 穆淑华，曹卫群. 基于 CLO3D 的虚拟服装设计 [J]. 电子科学技术，2015，2(3)：366-371.

[13] Kaixuan Liu，Xianyi Zeng，Jianping Wang，et al. Parametric design of garment flat based on body dimension [J]. International Journal of Industrial Ergonomic, 2018,4485(18)：46-59.

[14] Kaixuan Liu，Xianyi Zeng. 3D interactive garment pattern-making technology [J]. Computer-Aided Design, 2018, 65(2018)：45-67.

[15] Hwa Kyung Song, Susan Ashdown P. Categorization of lower body shapes for adult females based on multiple view analysis [J]. Textile Research Journal, 2014, 81(9)：914-931.

[16] Sibei Xia, Cynthia Istook. A Method to Create Body Sizing Systems [J]. Clothing and Textiles Research Journal, 2017, 35(4)：235-248.